德国数学家波恩哈德·黎曼（1826—1866）

黎曼猜想的"诞生地"——黎曼的论文《论小于给定数值的素数个数》

黎曼猜想漫谈

一场攀登数学高峰的天才盛宴

卢昌海◎著

THE
RIEMANN
HYPOTHESIS

清华大学出版社

北京

图书在版编目（CIP）数据

黎曼猜想漫谈：一场攀登数学高峰的天才盛宴/卢昌海著. —北京：清华大学出版社，2016（2025.5 重印）

ISBN 978-7-302-44245-5

Ⅰ. ①黎… Ⅱ. ①卢… Ⅲ. ①黎曼猜测 Ⅳ. ①O156

中国版本图书馆 CIP 数据核字（2016）第 152395 号

责任编辑：胡洪涛
封面设计：蔡小波
责任校对：刘玉霞
责任印制：刘海龙

出版发行：清华大学出版社
　　　　网　　址：https://www.tup.com.cn，https://www.wqxuetang.com
　　　　地　　址：北京清华大学学研大厦 A 座　　邮　　编：100084
　　　　社 总 机：010-83470000　　　　　　　　邮　　购：010-62786544
　　　　投稿与读者服务：010-62776969，c-service@tup.tsinghua.edu.cn
　　　　质量反馈：010-62772015，zhiliang@tup.tsinghua.edu.cn
印 装 者：三河市东方印刷有限公司
经　　销：全国新华书店
开　　本：148mm×210mm　印张：7.25　插页：1　字　　数：148 千字
版　　次：2016 年 9 月第 1 版　　　　　　　印　　次：2025 年 5 月第 12 次印刷
定　　价：39.00 元

产品编号：070083-01

《黎曼猜想漫谈》读后感(代序)

王 元

一

随着公众数学水平的逐渐提高,越来越多的人知道黎曼(Riemann)猜想这个问题,我们将它记为RH。特别是RH曾被希尔伯特(Hilbert)列入他的二十三个问题的第八问题,现在又被列为克莱数学研究所提出的千禧年七大待解决难题之一,备受关注。不少人已经知道RH是数学中第一号重要问题。

但RH是个什么问题?为什么重要?至今似未见一篇有相当深度的普及文章来加以解释,常常需要参见数学专业著作与文献,才能得知一些。因此,一般人恐怕仅仅只知道有这么一个问题而已。

卢昌海在《数学文化》上的六期连载文章《黎曼猜想漫谈》,对RH相关问题作了详细的解释。文章中关于数学的阐述是严谨的,数学概念是清晰的。文字流畅,并间夹了一些流传的故事,以增加趣味性与可读性。

从这几方面来看,都是一篇很好的雅俗共赏的数学普及文章。

数学普及文章最要紧的是严谨性,有一些普及文章像在讲故事,不谈数学本身,从而读者在读完后,会觉得不知其所以然,一头雾水。

二

RH 发端于黎曼在 1859 年的一篇文章,其历史远比费马(Fermat)大定理(FLT)与哥德巴赫(Goldbach)猜想(GC)的历史短得多,而且不像这两个问题那样,只要有中小学数学知识的人,就知道其题意。

要了解 RH 的题意,则至少需要知道亚纯函数的含义。所谓黎曼 ζ 函数 $\zeta(s)$($s=\sigma+it$)是一个复变函数,它在右半平面 $\sigma>1$ 上由一个绝对收敛的级数

$$\zeta(s) = \sum_{n=1}^{\infty} \frac{1}{n^s} \quad (\sigma > 1)$$

来定义。所以,$\zeta(s)$ 在 $\sigma>1$ 上是全纯的。它在左半平面 $\sigma\leqslant1$ 上的情况如何呢? 则需要将 $\zeta(s)$ 解析延拓至全平面,延拓后的 $\zeta(s)$ 是一个 s 平面上的亚纯函数,它只在 $s=1$ 处有一个残数为 1 的 1 阶根。$\zeta(s)$ 仅在左半平面 $s\leqslant1$ 上有零点 $s=-2n$($n=1,2,\cdots$)。这些零点称为 $\zeta(s)$ 的平凡零点,剩下的零点则位于狭带 $0\leqslant\sigma\leqslant1$ 之中,这些零点称为 $\zeta(s)$ 的非平凡零点。所谓 RH 是说:

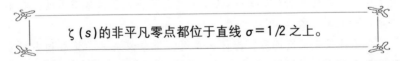

ζ(s)的非平凡零点都位于直线 $\sigma=1/2$ 之上。

RH 与素数在自然数中的分布密切相关。我想一般关于 RH 的普及文章也就讲到这里了。

卢昌海的文章从这里讲起,他介绍了 $\zeta(s)$ 的开端,即欧拉(Euler)关于 $\zeta(s)$ 的工作,其中 s 为实变数,及高斯(Gauss)关于不超过 x 的素数个数 $\pi(x)$ 的猜想

$$\pi(x) \sim \int_2^x \frac{\mathrm{d}t}{\log t} = Li(x),$$

这是素数分布的中心问题。独立于高斯,勒让德(Legendre)也对$\pi(x)$作了猜想

$$\pi(x) \sim \frac{x}{\log x - 1.083\,66}。$$

由于$Li(x) \sim \dfrac{x}{\log x - 1.083\,66} \sim \dfrac{x}{\log x}$,所以我们称

$$\pi(x) \sim \frac{x}{\log x}$$

为"素数定理"。素数定理已由阿达马(Hadamard)与德·拉·瓦·布桑(de la Valee Poussin)于 1896 年独立地证明了。但人们期望有一个具有精密误差项的素数定理。可以证明用高斯的猜想公式比勒让德的猜想公式的误差项要精确得多。在 RH 之下,可以证明

$$\pi(x) = Li(x) + O(\sqrt{x}\log x)。$$

反之,由这个公式也可以推出 RH。所以,这个公式可以看作 RH 的算术等价形式。由此足见 RH 的极端重要性了。

然后,卢昌海的文章深入到了$\zeta(s)$较近代的重要研究:其实,黎曼的文章中还包括了几个未经严格证明的命题。除了 RH 之外,都被阿达马与曼戈尔特(Mangoldt)证明了,只剩下现在所谓的 RH。

命$N(T)$表示$\zeta(s)$在矩形$0 \leqslant \sigma \leqslant 1, 0 < t < T$中的零点个数,黎曼作了猜想

$$N(T) \sim \frac{T}{2\pi}\log\frac{T}{2\pi}。$$

这个结果已由曼戈尔特证明。命$N_0(T)$表示在线段$\sigma = \dfrac{1}{2}, 0 < t < T$上,$\zeta(s)$的零点个数,则塞尔伯格(Selberg)证明了,存在正常数c与T_0使

$$N_0(T) > cN(T) \quad (T > T_0)。$$

这个结果是非常惊人的。它说明了$\zeta(s)$在线段$\sigma = \dfrac{1}{2}, 0 < t < T$上的零

点个数与它在矩形 $0 \leqslant \sigma \leqslant 1, 0 < t < T$ 上的零点个数相比,占有一个正密度,而线段的二维测度为零。卢昌海还介绍了往后数学家关于 c 的估计的重要工作: $c \geqslant \dfrac{1}{3}$(莱文森(Levinson))与 $c \geqslant \dfrac{2}{5}$(康瑞(Conrey))。

卢昌海用了相当多的篇幅介绍了 $\zeta(s)$ 的非平凡零点的计算方法与大量的计算结果。

这两方面的成果,大大加强了人们对 RH 正确性的可信度。

三

黎曼 ζ 函数 $\zeta(s)$ 与 RH 都是"原型",有不少 $\zeta(s)$ 与 RH 的类似及推广。这些类似及推广都有强烈的数学背景。

卢昌海的文章中谈到了这个问题,即他所谓的 RH 的"山寨版"与"豪华版"。所谓山寨版,就是 RH 的某种类似,而豪华版则为 RH 的某种推广。无论是山寨版,还是豪华版,其数学背景都是极其重要的。

卢昌海介绍了有限域 F_q 上的平面代数曲线对应的 RH,即每一条满足一定条件的代数曲线都对应于一个 L 函数,它们的零点都位于直线 $\sigma = \dfrac{1}{2}$ 上。这一命题已由韦伊(Weil)证明,而且韦伊对于高维代数簇的 RH 也作了猜想。这个猜想已由德利涅(Deligne)证明。这些无疑都是 20 世纪最伟大的数学成就之一。据我所知韦伊与德利涅的结果对解析数论就有极大的推动。例如,由韦伊证明的 RH 可以推出模素数 p 的克卢斯特曼(Kloosterman)和与完整三角和的最佳阶估计

$$\left| \sum_{x=1}^{p-1} e^{2\pi i (cx + d\bar{x})/p} \right| \leqslant 2\sqrt{p} \quad (p \nmid cd, x\bar{x} \equiv 1 (\bmod p))$$

与

$$\left| \sum_{x=1}^{p-1} e^{2\pi i (a_k x^k + \cdots + a_1 x)/p} \right| \leqslant k\sqrt{p} \quad (p \nmid a_k).$$

长期以来,对这两个问题都只能得到较弱的估计。又如命 $n(p)$ 表示模 p

的最小二次非剩余,则由韦伊的结果,布尔吉斯(Burgess)证明了

$$n(p) = O_\varepsilon(p^{\frac{1}{4\sqrt{e}}+\varepsilon}),$$

其中 $\varepsilon > 0$ 为任意给予的正数。过去 $n(p)$ 的最佳阶为 $O_\varepsilon(p^{\frac{1}{2\sqrt{e}}+\varepsilon})$。

由德利涅的结果可以推出拉马努金(Ramanujan)的一个著名猜想。

韦伊的 RH 的算术形式为代数曲线在 F_q 上的点数公式的误差为 $O(q^{1/2})$。这是最佳可能估计,称为"韦伊界"。

卢昌海介绍了所谓 RH 的豪华版,指的是狄利克雷(Dirichlet)L 函数对应的 RH 类似与戴德金(Dedekind)L 函数的 RH 类似。由于这两个 L 函数均以黎曼 ζ 函数为特例,所以它们对应的 RH 称为广义黎曼猜想,记为 GRH 或 ERH。

介绍狄利克雷 L 函数时,先需要引进所谓狄利克雷特征 $\chi(n) \bmod q$。级数

$$L(s,\chi) = \sum_{n=1}^{\infty} \frac{\chi(n)}{n^s} \quad (s = \sigma + \mathrm{i}t, \sigma > 1)$$

是绝对收敛的。它也可以解析延拓至 s 全平面。它是 s 平面上的亚纯函数。这就是模 q 的狄利克雷 L 函数 $L(s,\chi)$。所谓 GRH 就是

所有 $L(s,\chi)$ 的非平凡零点都位于直线 $\sigma = \dfrac{1}{2}$ 上。

当 χ 为主特征时,$L(s,\chi)$ 本质上就是 $\zeta(s)$,它们仅相差一个仅依赖于 q 的常数倍数。

戴德金 L 函数是在一个代数数域 K 上定义的。这里就不详细讲了。当 $K = \mathbf{Q}$ 为有理数域时,戴德金 L 函数就是黎曼 ζ 函数。所谓 GRH 就是戴德金 L 函数的非平凡零点都位于 $\sigma = 1/2$ 上。

与 RH 类似,由狄利克雷 L 函数的 GRH 可以推出:当 $(l,q)=1$ 时,令算术数列 $l+kq(k=0,1,2,\cdots)$ 中,不超过 x 的素数个数为 $\pi(x,q,l)$,则

$$\pi(x,q,l) = \frac{1}{\varphi(q)} Li(x) + O(\sqrt{x}\log x)$$

此处 $\varphi(q)$ 表示欧拉函数。当 $q=1$ 时,即 $\pi(x,1,1)=\pi(x)$。上式就是 RH。这是狄利克雷 L 函数的 GRH 之算术形式。

由戴德金 L 函数的 GRH 可以推出代数数域 K 中的有最佳误差主阶的素理想定理。这也是戴德金 L 函数的 GRH 的算术形式。当 $K=\mathbf{Q}$ 时,即为 RH。

但也不是关于 $\zeta(s)$ 的结果都对 $L(s,\chi)$ 有相应的结果。例如关于 $\zeta(s)$ 的无零点区域估计,对于二次特征 χ_2 对应的狄利克雷 L 函数 $L(s,\chi_2)$ 有无这样类似区域估计就不知道了。对此,西格尔(Siegel)关于 $L(s,\chi_2)$ 的非平凡实零点的估计在解析数论中就是非常重要的。

GRH 有极强的数学背景。下面就解析数论领域再举几个例子。

20 世纪最重要的解析数论成果之一是维诺格拉多夫(Vinogradov)证明的关于 GC 的"三素数定理",即

其实,这个结果最早已由哈代(Hardy)与利特尔伍德(Littlewood)在狄利克雷 L 函数的 GRH 之下证明了。维诺格拉多夫的工作就是发展了以素数为变数的指数和估计方法,从而取消了三素数定理证明中的 GRH。

中国数学家的著名结果之一是关于 GC 的所谓"陈氏定理",即

其实,早于陈景润,中国在这方面已研究了十多年,总是先假定了狄利克雷 L 函数的 GRH,做出关于 GC 的结果,然后再设法取消证明中的 GRH。

再以 $n(p)$ 的估计为例。在狄利克雷 L 函数的 GRH 之下有估计
$$n(p) = O(\log^2 p),$$
这就比山寨版的 RH 的推论强得太多了。

四

卢昌海文章中用了很大篇幅谈到研究 RH 的尚未成功的（即未得到确定结果的）一些想法与尝试。

卢昌海文章中亦用了很大篇幅谈了一些关于 RH 的美丽的传说。这些传说，我本人也听过一点。例如韦伊在中科院访问作的第一次报告就是讲他的山寨版 RH。报告一开始，他就说："曾经希望证明 RH，但不发表，待 RH 提出一百年时再发表，现在只能希望在 RH 提出二百年时，再见到它的证明了。"塞尔伯格在访问中科院时的一次宴会上说："FLT 与 GC 本身都没有什么用。"我说："研究它们带动了一些新方法的产生。"他说："那是。"这个观点在卢昌海的文章中也提到了。

这些传说都是非常美丽的，人们津津乐道。

五

卢昌海的文章还有以下优点：在讲到一些重大结果时，作者对这些结果的重要前期成就都作了介绍。例如素数定理，塞尔伯格关于 $\sigma = \dfrac{1}{2}$ 上的零点个数估计，及韦伊关于山寨版 RH 的证明等。又为了讲清楚文章中涉及的一些概念，作者还举例子加以说明。例如在解释戴德金 L 函数时，涉及"理想"这个概念，作者以有理数域 $\mathbf{Q}$ 与二次域作为例子来说明，所以是深入浅出的。我认为数学系本科高年级学生是可以看懂这篇文章所讲的问题、结果与数学概念的含义的。对于专职数学家

与教师,甚至数论学家,也值得阅读。我想他们对于 RH 的了解基本上是在学习与研究数学的过程中,零星的逐渐积累得到的。如果有机会系统地了解一下 RH,也会很有好处。因此我愿意向大家推荐卢昌海的文章。

我还想谈一点意见:仅从题意表面来看,RH 只是研究一个特殊的亚纯函数 $\zeta(s)$ 的零点性质。从亚纯函数的理论来看,只是一个例子而已。就像研究 FLT 与 GC 一样,研究它们的目的主要在于发展数学中的新思想与新方法。形象地说,这两个问题都是数学中"下金蛋的母鸡"。

从过去的研究来看,RH 当然是数学中下金蛋的母鸡,但研究它的目的,远远不止此。它之所以成为数学中第一重要问题,主要是由于一系列的数学中的重大问题的解决都依赖于各种 RH 的解决。一旦这些 RH 解决了,人类就站在一个不知比现在高多少的数学平台上,看到更远得多的风景。

到底各种 RH 可以推出多少数学结果?要求弄清楚这么多东西恐怕是太难了。如果卢昌海这篇文章还要继续写下去,也许可以考虑写各种 RH 的推广。这会使读者更能了解到解决各种 RH 的巨大意义。

最后,我愿借此机会祝卢昌海文章成功,并盼望见到它能够成书出版,使更多读者能读到,并从中受益。

目　录

1 哈代的明信片

让我们从一则小故事开始我们的黎曼猜想（Riemann hypothesis）漫谈吧。① 故事大约发生在20世纪30年代,当时英国有位很著名的数学家叫做哈代（Godfrey Hardy, 1877—1947）,他不仅著名,而且在我看来还是两百年来英国数学界的一位勇者。为什么这么说呢? 因为在17世纪的时候,英国数学家与欧洲大陆的数学家之间发生了一场激烈的论战。论战的主题是谁先发明了微积分。论战所涉及的核心人物一边是英国的科学泰斗牛顿（Isaac Newton, 1642—1727）,另一边则是欧洲大陆（德国）的哲学及数学家莱布尼茨（Gottfried Leibniz, 1646—1716）。这场论战打下来,两边筋疲力尽自不待言,还大伤了和气,留下了旷日持久的后遗症。自那以后,许多英国数学家开始排斥起来自欧洲大陆的数学进展。一场争论演变到这样的一个地步,英国数学界的集体荣誉及尊严、牛顿的赫赫威名便都成了负资产,英国的数学在保守的舞步中走起了下坡路。

这下坡路一走便是两百年。

在这样的一个背景下,在复数理论还被一些英国数学家视为来自欧洲大陆的危险概念的时候,土生土长的英国数学家哈代却对来自欧洲大陆（而且偏偏还是德国）、有着复变函数色彩的数学猜想——黎曼猜想——产生了浓厚兴趣,积极地研究它,并且——如我

---

① 这则故事来自与哈代相识的匈牙利数学家波利亚（George Pólya, 1887—1985）。

们将在后文中介绍的——取得了令欧洲大陆数学界为之震动的成就,算得上是勇者所为。

当时哈代在丹麦有一位很要好的数学家朋友叫做玻尔(Harald Bohr,1887—1951),他是著名量子物理学家玻尔(Niels Bohr,1885—1962)的弟弟。玻尔对黎曼猜想也有浓厚的兴趣,曾与德国数学家兰道(Edmund Landau,1877—1938)一起研究黎曼猜想(他们的研究成果也将在后文中加以介绍)。哈代很喜欢与玻尔共度暑假,一起讨论黎曼猜想。他们对讨论都很投入,哈代常常要待到假期将尽才匆匆赶回英国。结果有一次当他赶到码头时,很不幸地发现只剩下一条小船可以乘坐了。从丹麦到英国要跨越宽达几百公里的北海(North Sea),在那样的汪洋大海中乘坐小船可不是闹着玩的事情,弄得好算是浪漫刺激,弄不好就得葬身鱼腹。为了旅途的平安,信奉上帝的乘客们大都忙着祈求上帝的保佑。哈代却是一个坚决不信上帝的人,不仅不信,有一年他还把向大众证明上帝不存在列入自己的年度六大心愿之中,且排名第三(排名第一的是证明黎曼猜想)。不过在面临生死攸关的旅程之时哈代也没闲着,他给玻尔发去了一张简短的明信片,上面只有一句话:

"我已经证明了黎曼猜想。"

哈代果真已经证明了黎曼猜想吗?当然不是。那他为什么要发那样一张明信片呢?回到英国后他向玻尔解释了原因,他说如果那次他乘坐的小船真的沉没了,那人们就只好相信他真的证明了黎曼猜想。但他知道上帝是肯定不会把这么巨大的荣誉送给他——一个坚决不信上帝的人——的，因此上帝是一定不会让他的小船沉没的。①

　　上帝果然没舍得让哈代的小船沉没。自那以后又过了大半个世纪，吝啬的上帝依然没有物色到一个可以承受这么大荣誉的人。

_____

　　①　哈代的这个解释让我想起了一句有趣的无神论者的祈祷语：上帝啊，如果你存在的话，拯救我的灵魂吧，如果我有灵魂的话（God, if there is one, save my soul if I have one）。

2 黎曼ζ函数与黎曼猜想

那么这个让上帝如此吝啬的黎曼猜想究竟是一个什么样的猜想呢？在回答这个问题之前我们先得介绍一个函数：黎曼ζ函数（Riemann zeta-function）。这个函数虽然挂着德国数学家黎曼（Bernhard Riemann，1826—1866）的大名，其实并不是黎曼首先提出的。但黎曼虽然不是这一函数的提出者，他的工作却大大加深了人们对这一函数的理解，为其在数学与物理上的广泛应用奠定了基础。后人为了纪念黎曼的卓越贡献，就用他的名字命名了这一函数。[①]

那么究竟什么是黎曼ζ函数呢？简单地说，它的定义是这样的：黎曼ζ函数 $\zeta(s)$ 是级数表达式（n 为正整数）

$$\zeta(s) = \sum_n n^{-s} \quad (\mathrm{Re}(s) > 1)$$

在复平面上的解析延拓（analytic continuation）。之所以要对上述级数表达式进行解析延拓，是因为——如我们已经注明的——这一表达式只适用于复平面上 s 的实部 $\mathrm{Re}(s) > 1$ 的区域（否则级数不收敛）。黎曼找到了这一表达式的解析延拓（当然黎曼没有使用"解析

---

① 远在黎曼之前，黎曼ζ函数（当然那时还不叫这名字）的级数表达式就已经出现在了数学文献中，但正如我们在正文中所注，那级数表达式的定义域较小，即只适用于复平面上 $\mathrm{Re}(s) > 1$ 的区域。黎曼把黎曼ζ函数的定义域大大地延拓了，这一点不仅对于它的应用有着重要意义，对于黎曼猜想的表述及研究更是至关重要（因为黎曼猜想所涉及的非平凡零点全都在级数表达式的定义域之外）。仅凭这一点，即便把黎曼称为黎曼ζ函数的提出者之一，也并不过分。

延拓"这样的现代复变函数论术语）。运用围道积分（contour integral），解析延拓后的黎曼 ζ 函数可以表示为

$$\zeta(s) = \frac{\Gamma(1-s)}{2\pi i} \int_{\infty}^{\infty} \frac{(-z)^s}{e^z - 1} \frac{dz}{z} 。$$

这里我们采用的是历史文献中的记号，式中的积分实际上是一个环绕正实轴（即从$+\infty$出发，沿实轴上方积分至原点附近，环绕原点积分至实轴下方，再沿实轴下方积分至$+\infty$——离实轴的距离及环绕原点的半径均趋于 0）进行的围道积分；式中的 Γ 函数 $\Gamma(s)$ 是阶乘函数在复平面上的解析延拓，对于正整数 $s>1$：$\Gamma(s)=(s-1)!$。可以证明，上述 $\zeta(s)$ 的积分表达式除了在 $s=1$ 处有一个简单极点（simple pole）外，在整个复平面上处处解析。这样的表达式是所谓的亚纯函数（meromorphic function）——即除了在一个孤立点集（set of isolated points）上存在极点（pole）外，在整个复平面上处处解析的函数——的一个例子。这就是黎曼 ζ 函数的完整定义。

运用上面的积分表达式可以证明，黎曼 ζ 函数满足以下代数关系式——也叫函数方程（functional equation）：

$$\zeta(s) = 2\Gamma(1-s)(2\pi)^{s-1}\sin\left(\frac{\pi s}{2}\right)\zeta(1-s) 。$$

从这个关系式中不难发现，黎曼 ζ 函数在 $s=-2n$（n 为正整数）处取值为零——因为 $\sin(\pi s/2)$ 为零。[1] 复平面上的这种使黎曼 ζ 函数取

① $\sin(\pi s/2)$ 在 $s=0$ 及 $s=2n$（n 为正整数）时也为零，但是在 $s=0$ 时 $\zeta(1-s)$ 有极点，$s=2n$（n 为正整数）时 $\Gamma(1-s)$ 有极点。因此只有在 $s=-2n$（n 为正整数）时才可以由 $\sin(\pi s/2)=0$ 直接推知黎曼 ζ 函数的取值为零，$s=0$ 及 $s=2n$（n 为正整数）时的取值则需进一步分析（分析的结果是非零）。

值为零的点被称为黎曼 ζ 函数的零点。因此 $s=-2n(n$ 为正整数$)$
是黎曼 ζ 函数的零点。这些零点分布有序、性质简单,称为黎曼 ζ 函
数的平凡零点(trivial zero)。除了这些平凡零点外,黎曼 ζ 函数还有
许多其他零点,它们的性质远比那些平凡零点来得复杂,被恰如其分
地称为非平凡零点(non-trivial zero)。对黎曼 ζ 函数非平凡零点的
研究构成了现代数学中最艰深的课题之一。我们所要讨论的黎曼猜
想就是一个关于这些非平凡零点的猜想,在这里我们先把它的内容
表述一下,然后再叙述它的来龙去脉。

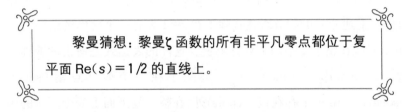

黎曼猜想:黎曼 ζ 函数的所有非平凡零点都位于复
平面 Re(s)=1/2 的直线上。

在黎曼猜想的研究中,数学家们把复平面上 Re(s)=1/2 的直线
称为临界线(critical line)。运用这一术语,黎曼猜想也可以表述为:
黎曼 ζ 函数的所有非平凡零点都位于临界线上。

这就是黎曼猜想的内容,它是黎曼在 1859 年提出的。从其表述
上看,黎曼猜想似乎是一个纯粹的复变函数命题,但我们很快将会看
到,它其实却是一曲有关素数分布的神秘乐章。

3　素数的分布

一个复数域上的函数——黎曼 ζ 函数——的非平凡零点平凡零点(在无歧义的情况下我们有时将简称其为零点)的分布怎么会与看似风马牛不相及的自然数(在本书中自然数指正整数)中的素数分布产生关联呢？这还得从所谓的欧拉乘积公式谈起。

我们知道,早在古希腊时期,欧几里得(Euclid)就用精彩的反证法证明了素数有无穷多个。随着数论研究的深入,人们很自然地对素数在自然数集上的分布产生了越来越浓厚的兴趣。1737 年,著名瑞士数学家欧拉(Leonhard Euler,1707—1783)在俄国圣彼得堡科学院(St. Petersburg Academy)发表了一个极为重要的公式,为数学家们研究素数分布的规律奠定了基础。这个公式就是欧拉乘积公式,即

$$\sum_n n^{-s} = \prod_p (1 - p^{-s})^{-1} 。 \tag{3-1}$$

这个公式左边的求和对所有的自然数进行,右边的连乘积则对所有的素数进行。可以证明(参阅附录 A),这个公式对所有 $\mathrm{Re}(s) > 1$ 的复数 s 都成立。读者们想必认出来了,这个公式的左边正是我们在上文中介绍过的黎曼 ζ 函数在 $\mathrm{Re}(s) > 1$ 时的级数表达式,而它的右边则是一个纯粹有关素数(且包含所有素数)的表达式,这样的形式正是黎曼 ζ 函数与素数分布之间存在关联的征兆。那么这个公式究竟蕴涵着有关素数分布的什么样的信息呢？黎曼 ζ 函数的零点又是

如何出现在这种关联之中的呢？这就是本章及未来几章所要介绍的内容。

欧拉本人率先对这个公式所蕴含的信息进行了研究。他注意到在 $s=1$ 的时候,公式的左边 $\sum\limits_n n^{-1}$ 是一个发散级数(这是一个著名的发散级数,称为调和级数),这个级数以对数方式发散。这些对于欧拉来说都是

瑞士数学家欧拉(1707—1783)

不陌生的。为了处理公式右边的连乘积,他对公式两边同时取了对数,于是连乘积就变成了求和,由此他得到

$$\ln\left(\sum_n n^{-1}\right) = \sum_p \left(p^{-1} + \frac{p^{-2}}{2} + \frac{p^{-3}}{3} + \cdots\right)。 \qquad (3\text{-}2)$$

由于式中右端括号中除第一项外所有其他各项的求和都收敛,而且那些求和的结果累加在一起仍然收敛(有兴趣的读者不妨自己证明一下)。因此右边只有第一项的求和是发散的。由此欧拉得到了这样一个有趣的渐近表达式:

$$\sum_p p^{-1} \sim \ln\left(\sum_n n^{-1}\right) \sim \ln\ln(\infty),$$

或者,更确切地说,

$$\sum_{p<N} p^{-1} \sim \ln\ln(N)。 \qquad (3\text{-}3)$$

这个结果—— $\sum\limits_{p<N} p^{-1}$ 以 $\ln\ln(N)$ 的方式发散——是继欧几里得证明素数有无穷多个以来有关素数的又一个重要的研究结果。它同

时也是对素数有无穷多个这一命题的一种崭新的证明(因为假如素数只有有限多个,则求和就只有有限多项,不可能发散)。但欧拉的这一新证明所包含的内容要远远多于欧几里得的证明,因为它表明素数不仅有无穷多个,而且其分布要比许多同样也包含无穷多个元素的序列——比如$\{n^2\}$序列——密集得多(因为后者的倒数之和收敛)。不仅如此,如果我们进一步注意到式(3-3)的右端可以改写为一个积分表达式:

$$\ln\ln(N) \sim \int^N x^{-1}/\ln(x)\mathrm{d}x。$$

而通过引进一个素数分布的密度函数$\rho(x)$——它给出在x附近单位区间内发现素数的几率,式(3-3)左端也可以改写为一个积分表达式:

$$\sum_{p<N} p^{-1} \sim \int^N x^{-1}\rho(x)\mathrm{d}x。$$

将这两个积分表达式进行比较,不难猜测到素数的分布密度为$\rho(x) \sim 1/\ln x$,从而在x以内的素数个数——通常用$\pi(x)$表示——为

$$\pi(x) \sim Li(x),$$

其中$Li(x) \equiv \int 1/\ln(x)\mathrm{d}x$是对数积分函数(logarithmic integral function)。[①] 这个结果有些读者可能也认出来了,它正是著名的素数定理(prime number theorem)——当然这种粗略的推理并不构成

---

① 对数积分函数$Li(x)$的确切定义是$1/\ln(x)$在0到x之间定积分的柯西主值(Cauchy principal value)。对于素数定理来说,人们关心的是$Li(x)$在$x \to \infty$时的渐近行为,这时候积分的下限并不重要,因此在素数定理的研究中,人们有时把$Li(x)$的积分下限取为2而不是0,这样可以使被积函数在积分区间内没有奇点。

对素数定理的证明。因此欧拉发现的这个结果可以说是一扇通向素数定理的暗门。可惜欧拉本人并没有沿着这样的思路走,从而错过了这扇暗门,数学家们提出素数定理的时间也因此而延后了几十年。

德国数学家高斯(1777—1855)

提出素数定理的荣誉最终落到了另外两位数学家的肩上:他们是德国数学家高斯(Friedrich Gauss,1777—1855)和法国数学家勒让德(Adrien-Marie Legendre,1752—1833)。

高斯对素数分布的研究始于 1792 到 1793 年间,那时他才十五岁。在那期间,每当"无所事事"的时候,这位早熟的天才数学家就会挑上几个长度为 1000 的自然数区间,计算这些区间中的素数个数,并进行比较。在做过了大量的计算和比较之后,高斯发现素数分布的密度可以近似地用对数函数的倒数来描述,即 $\rho(x) \sim 1/\ln x$,这正是上面提到的素数定理的主要内容。但是高斯并没有发表这一结果。高斯是一位追求完美的数学家,他很少发表自己认为还不够完美的结果,而他的数学思想与灵感犹如浩瀚奔腾的江水,汹涌激荡,常常让他还没来得及将一个研究结果完美化就又展开了新课题的研究。因此高斯一生所做的数学研究远远多过他正式发表的。但另一方面,高斯常常会通过其他的方式——比如书信——透露自己的某些未发表的研究成果,他的这一做法给一些与他同时代的数学家带来了不小的尴尬。其中

"受灾"较重的一位便是勒让德。这位法国数学家在 1806 年率先发表了线性拟合中的最小平方法,不料高斯在 1809 年出版的一部著作中提到自己曾在 1794 年(即比勒让德早了 12 年)就发现了同样的方法,使勒让德极为不快。

有道是:不是冤家不聚首。在素数定理的提出上,可怜的勒让德又一次不幸地与数学巨匠高斯撞到了一起。勒让德在 1798 年发表了自己关于素数分布的研究,这是数学史上有关素数定理最早的文献。[①] 由于高斯没有发表自己的研究结果,勒让德便理所当然地成为素数定理的提出者。勒让德的这个优先权一共维持了 51 年。但是到了 1849 年,高斯在给德国天文学家恩克(Johann Encke,1791—1865)的一封信中提到了自己在 1792—1793 年间对素数分布的研究,从而把尘封了半个世纪的优先权从勒让德的口袋中勾了出来,挂到了自己那已经鼓鼓囊囊的腰包之上。

幸运的是,高斯给恩克写信的时候勒让德已经去世 16 年了,他用最无奈的方式避免了再次遭受残酷打击。

无论高斯还是勒让德,他们对于素数分布规律的研究都是以猜测的形式提出的(勒让德的研究带有一定的推理成分,但离证明仍相距甚远)。因此确切地说,素数定理在那时还只是一个猜想,即素数猜想,我们所说的提出素数定理指的也只是提出素数猜想。素数定理的数学证明直到一个世纪之后的 1896 年,才由法国数学家阿达马

---

① 勒让德提出的素数定理采用的是代数表达式:$\pi(x) \sim x/[\ln(x) - 1.083\,66]$,它与积分形式的素数定理在渐近意义上是等价的。

（Jacques Hadamard，1865—1963）与比利时数学家普森（Charles de la Vallée-Poussin，1866—1962）彼此独立地给出。他们的证明与黎曼猜想有着很深的渊源，其中阿达马的证明所出现的时机和场合还有着很大的戏剧性，这些我们将在后文中加以叙述。

　　素数定理是简洁而优美的，但它对于素数分布的描述仍然是比较粗略的，它给出的只是素数分布的一个渐近形式——小于 N 的素数个数在 N 趋于无穷时的分布形式。从有关素数分布与素数定理的图 3-1 中我们也可以看到，$\pi(x)$ 与 $Li(x)$ 之间是有偏差的，而且这种偏差的绝对值随着 x 的增加似有持续增加的趋势（所幸的是，这种偏差的增加与 $\pi(x)$ 及 $Li(x)$ 本身的增加相比仍是微不足道的——否则素数定理也就不成立了）[①]。

　　那么有没有一个公式可以比素数定理更精确地描述素数的分布呢？这便是黎曼在 1859 年想要回答的问题。那一年是高斯去世后的第五年，32 岁的黎曼继德国数学家狄利克雷（Johann Dirichlet，1805—1859）之后成为高斯在哥廷根大学的继任者。同年的 8 月 11 日，他被选为柏林科学院（Berlin Academy）的通信院士（corresponding member）。作为对这一崇高荣誉的回报，黎曼向柏林科学院提交了一篇论文——一篇只有短短八页的论文，标题是：论小于给定数值的

―――――――――――

　　① 这里有一个有趣的细节值得一提：从素数分布与素数定理的图示以及从大范围的计算中人们都发现 $Li(x)-\pi(x)$ 大于零，这使得有人猜测 $Li(x)$ 不仅是素数分布的渐近形式，而且还是其严格上界，即 $Li(x)-\pi(x)$ 恒大于零。这种猜测在 1914 年被英国数学家利特尔伍德（John Littlewood，1885—1977）所推翻，利特尔伍德证明了 $Li(x)-\pi(x)$ 是一个在正与负之间振荡无穷多次的函数。

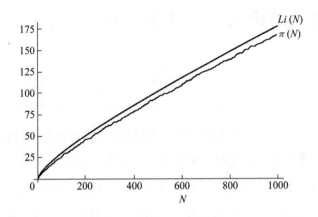

图 3-1 素数分布与素数定理

素数个数。正是这篇论文将欧拉乘积公式所蕴含的信息破译得淋漓
尽致,也正是这篇论文将黎曼 ζ 函数的零点分布与素数的分布联系
在了一起。

这篇论文注定要把人们对素数分布的研究推向壮丽的巅峰,并
为后世的数学家们留下一个魅力无穷的伟大谜团。

4 黎曼的论文——基本思路

终于到了黎曼的论文登场的时候！如果让数学家们来评选几篇数学史上意义深远而又最为难啃的论文的话,那么我想黎曼 1859 年的那篇《论小于给定数值的素数个数》就算不名列榜首,起码也要跻身三甲。① 现在就让我们一起来领略一下那篇数学史上出名难啃的论文的主要内容。我们的叙述将采用较为现代的术语及表述方式,所用的记号将与前文保持一致——因此与黎曼的原始论文不尽相同(但主要思路是一致的),这一点要提醒有兴趣阅读黎曼原文的读者注意。

如我们在第 3 章中所述,欧拉乘积公式

$$\zeta(s) \equiv \sum_n n^{-s} = \prod_p (1 - p^{-s})^{-1} \qquad (4\text{-}1)$$

是研究素数分布规律的基础。黎曼的研究也是以这一公式作为起点的。为了消除这一公式右边的连乘积,欧拉曾经对公式的两边取对数,黎曼也如法炮制(看来连乘积真是一个人人欲除之而后快的东西),从而得到

$$\ln \zeta(s) \equiv -\sum_p \ln(1 - p^{-s}) = \sum_p \sum_n \frac{p^{-ns}}{n}。 \qquad (4\text{-}2)$$

但过了这一步,两人就分道扬镳了:欧拉——如我们第 3 章中所见——在小试身手,证明了素数有无穷多个后就鸣金收兵了;而黎曼

---

① 当然,所谓"难啃"是一个相对的概念,是相对于论文发表时数学界的水平而言的。

则沿着一条布满荆棘的道路继续走了下去,走出了素数研究的一片崭新的天地。

可以证明,上面给出的 $\ln \zeta(s)$ 的表达式(4-2)右边的双重求和在复平面上 $\mathrm{Re}(s) > 1$ 的区域内是绝对收敛的,并且可以改写成斯蒂尔切斯积分(有兴趣的读者可自行证明):

$$\ln \zeta(s) = \int_0^\infty x^{-s} \mathrm{d}J(x),$$

其中 $J(x)$ 是一个特殊的阶梯函数,它在 $x=0$ 处取值为零,以后每越过一个素数就增加 1,每越过一个素数的平方就增加 $1/2$,……,每越过一个素数的 n 次方就增加 $1/n$,……而在 $J(x)$ 不连续的点(即 x 等于素数、素数的平方、……、素数的 n 次方、……的点)上,其函数值则用 $J(x) = \frac{1}{2}[J(x^-) + J(x^+)]$ 来定义。显然,这样的一个阶梯函数可以用素数分布函数 $\pi(x)$ 表示为

$$J(x) = \sum_n \frac{\pi(x^{1/n})}{n}。$$

对上述斯蒂尔切斯积分进行一次分部积分便可得到

$$\ln \zeta(s) = s \int_0^\infty J(x) x^{-s-1} \mathrm{d}x。$$

这个公式的左边是黎曼 ζ 函数的自然对数,右边则是对 $J(x)$——一个与素数分布函数 $\pi(x)$ 有直接关系的函数——的积分,它可以被视为欧拉乘积公式的积分形式。我们得到这一结果的方法与黎曼有所不同,黎曼发表论文时还没有斯蒂尔切斯积分——那时候荷兰数学家斯蒂尔切斯(Thomas Stieltjes,1856—1894)才三岁。

如果说传统形式下的欧拉乘积公式只是黎曼 ζ 函数与素数分布之间存在关联的朦胧征兆,那么在上述积分形式的欧拉乘积公式下,这两者间的关联就已是确凿无疑并且完全定量的了。接下来首先要做的显然是从上述积分中解出 $J(x)$ 来,这在当时的数学背景下并不容易,但却难不倒像黎曼这样的复变函数论大师。他解出的 $J(x)$ 是(学过复变函数论的读者不妨试着证明一下):

$$J(x) = \frac{1}{2\pi i}\int_{a-i\infty}^{a+i\infty} \frac{\ln \zeta(z)}{z}x^z dz,$$

其中 a 为大于 1 的实数。上面这个积分是一个条件收敛的积分,它的确切定义是从 $a-ib$ 积分到 $a+ib$(b 为正实数),然后取 $b\rightarrow\infty$ 的极限。当黎曼写下这个公式时,只是轻描淡写地提了一句: 这是完全普遍的。听上去像是在叙述一个尽人皆知的简单事实。而事实上,与黎曼所说的普遍性相匹配的完整结果直到 40 年后才由芬兰数学家梅林(Robert Mellin, 1854—1933)所发表,现在被称为梅林变换(Mellin transform)。像这样一种被黎曼随手写下、却让数学界花费几十甚至上百年的时间才能证明的命题在黎曼那篇论文中还有好几处。这是黎曼那篇论文的一个极为突出的特点: 它有一种高屋建瓴的宏伟视野,远远超越了同时代的其他数学文献。它那高度浓缩的文句背后包含着的极为丰富的数学结果,让后世的数学家们陷入漫长的深思之中。直到今天,我们的数学在整体上虽已远非黎曼时代可比,但数学家们仍未能完全理解黎曼在那篇短短八页的简短论文中省略掉的证明及显露出的智慧。$J(x)$ 的表达式是我们碰到的黎曼那篇论文中的结果超前于时代的第一个例子①，在第5章中我们将遇到其他例子。

　　在一代代的后世数学家们为那些被黎曼省略掉的证明而失眠的时候，他们中的一些人也许会联想到费马（Pierre de Fermat，1601—1665）。这位法国数学家在古希腊数学家丢番图（Diophantus，200?—284?）的《算术》（*Arithmetica*）一书的页边上写下著名的费马猜想（Fermat's conjecture）的时候，随手加了一句话："我发现了一个真正出色的证明，可惜页边太窄写不下来"。② 令人尴尬的是，费马猜想自1670年被他儿子公之于世（那时他本人已经去世）以来，竟然难倒了整个数学界长达324年之久，直到1994年才被英国数学家怀尔斯（Andrew Wiles，1953— ）所证明。但怀尔斯的证明篇幅浩繁，莫说在《算术》一书的页边上写不下来，即便把整套《大英百科全书》（*Encyclopedia Britannica*）的页边加起来，也未必写得下来。现在人们普遍认为，费马并没有找到费马猜想的证明，他自以为找到的那个"真正出色的证明"只是三百多年间无数个错误证明中的一个。那么黎曼的情形会不会也像费马一样呢？他那些省略掉的证明会不会也像费马的那个"真正出色的证明"一样呢？从目前人们对黎曼的研究来看，答案基本上是否定的。黎曼作为堪与高斯齐名的有史以来

---

　　① 需要提醒读者注意的是，为了先把黎曼论文的思路表述清楚，我们对叙述的顺序作了调整，这里所说的"第一个例子"是相对于我们调整后的叙述而言的。在黎曼的原始论文中其他的一些例子出现得更早。

　　② 费马猜想（现在被称为费马大定理）的内容是：方程 $x^n+y^n=z^n$ 在 $n>2$ 时没有非零整数解（这里"非零"指的是 x、y、z 全部非零）。

最伟大的数学家之一,他的水平远非以律师为主业的"票友"型数学家费马可比。而且人们在对黎曼的部分手稿进行研究时发现,黎曼对自己论文中的许多语焉不详的命题是做过扎实的演算和证明的,只不过他和高斯一样追求完美,发表的东西远远少于自己研究过的。更令人钦佩的是,黎曼手稿中的一些演算和证明哪怕是时隔了几十年之后才被整理出来,也往往还是大大超越当时数学界的水平(其中一个典型的例子可参阅第 10 章)。因此我们有较强的理由相信,黎曼在论文中以陈述而不是猜测的语气所表述的内容——无论有没有给出证明——都是有着深入的演算和证明背景的。

好了,现在回到 $J(x)$ 的表达式来,这个表达式给出了 $J(x)$ 与黎曼 ζ 函数之间的确切关联。换句话说,只要知道了 $\zeta(s)$,通过这个表达式原则上就可以计算出 $J(x)$。知道了 $J(x)$,下一步显然就是计算 $\pi(x)$。这并不困难,因为上面提到的 $J(x)$ 与 $\pi(x)$ 之间的关系式可以通过所谓的默比乌斯反演(Möbius inversion)来反解出 $\pi(x)$ 与 $J(x)$ 的关系式,其结果为

$$\pi(x) = \sum_n \frac{\mu(n)}{n} J(x^{1/n}),$$

这里 $\mu(n)$ 称为默比乌斯函数(Möbius function),它的取值如下:

- $\mu(1)=1$;
- $\mu(n)=0$(如果 n 可以被任一素数的平方整除);
- $\mu(n)=-1$(如果 n 是奇数个不同素数的乘积);
- $\mu(n)=1$(如果 n 是偶数个不同素数的乘积)。

因此知道了 $J(x)$ 就可以计算出 $\pi(x)$,即素数的分布函数。把这

些步骤连接在一起,我们看到,从 $\zeta(s)$ 到 $J(x)$,再从 $J(x)$ 到 $\pi(x)$,素数分布的秘密完全定量地蕴涵在了黎曼 ζ 函数之中。这就是黎曼研究素数分布的基本思路。在第 5 章中,我们将进一步深入黎曼的论文,让那些千呼万唤犹未露面的黎曼 ζ 函数的非平凡零点显露在我们的镁光灯下。

5   黎曼的论文——零点分布与素数分布

在第 4 章中我们看到,素数的分布与黎曼 ζ 函数之间存在着深刻关联。这一关联的核心就是 $J(x)$ 的积分表达式。由于黎曼 ζ 函数具有极为复杂的性质,这一积分同样也是极为复杂的。为了对这一积分做进一步的研究,黎曼引进了一个辅助函数 $\xi(s)$[①]:

$$\xi(s) = \Gamma\left(\frac{s}{2}+1\right)(s-1)\pi^{-s/2}\zeta(s)。 \tag{5-1}$$

引进这样一个辅助函数有什么好处呢? 首先,由式(5-1)定义的辅助函数可以被证明是整函数(entire function),即在复平面上所有 $s\neq\infty$ 的点上都解析的函数。这样的函数在性质上要比黎曼 ζ 函数简单得多,处理起来也容易得多。事实上,在所有非平庸的复变函数中,整函数是解析区域最为宽广的(解析区域比它更大,即包括 $s=\infty$ 的函数只有一种,那就是常数函数)。这是引进 $\xi(s)$ 的好处之一。

其次,利用这一辅助函数,我们在第 2 章中提到过的黎曼 ζ 函数所满足的代数关系式 $\zeta(s)=2\Gamma(1-s)(2\pi)^{s-1}\sin(\pi s/2)\zeta(1-s)$ 可以表述为一个对于 s 与 $1-s$ 对称的简单形式:

$$\xi(s) = \xi(1-s)。$$

这是引进 $\xi(s)$ 的好处之二。

---

① 黎曼对 ξ 函数的定义与我们所用的略有差异,他的 ξ 函数用我们的 ξ 函数可以表示为 $\xi(s)\equiv\xi(1/2+\mathrm{i}s)$。

此外,从 $\xi(s)$ 的定义中不难看到,$\xi(s)$ 的零点必定是 $\zeta(s)$ 的零点。[①] 另一方面,$\zeta(s)$ 的零点除了平凡零点 $s=-2n$(n 为自然数)由于恰好是 $\Gamma(s/2+1)$ 的极点,因而不是 $\xi(s)$ 的零点外,其余全都是 $\xi(s)$ 的零点,因此 $\xi(s)$ 的零点与黎曼 ζ 函数的非平凡零点相重合。换句话说,$\xi(s)$ 将黎曼 ζ 函数的非平凡零点从全体零点中分离了出来。这是引进 $\xi(s)$ 的好处之三。

在进一步介绍黎曼的论文之前,让我们先提一下黎曼 ζ 函数的一个简单性质,即 $\zeta(s)$ 在 $\mathrm{Re}(s)>1$ 的区域内没有零点(证明参阅附录 A)。没有零点当然就更没有非平凡零点,而后者跟 $\xi(s)$ 的零点是重合的,因此上述性质表明 $\xi(s)$ 在 $\mathrm{Re}(s)>1$ 的区域内也没有零点;又由于 $\xi(s)=\xi(1-s)$,因此 $\xi(s)$ 在 $\mathrm{Re}(s)<0$ 的区域内也没有零点。这表明 $\xi(s)$ 的所有零点——从而也就是黎曼 ζ 函数的所有非平凡零点——都位于 $0\leqslant\mathrm{Re}(s)\leqslant1$ 的区域内。由此我们得到了一个有关黎曼 ζ 函数零点分布的重要结果,那就是:黎曼 ζ 函数的所有非平凡零点都位于复平面上 $0\leqslant\mathrm{Re}(s)\leqslant1$ 的区域内。这一结果虽然离黎曼猜想要求的所有非平凡零点都位于复平面上 $\mathrm{Re}(s)=1/2$ 的直线上还相距甚远,但起码也算是万里长征的第一步。

好了,现在回到黎曼的论文中来。引进了 $\xi(s)$ 之后,黎曼便用 $\xi(s)$ 的零点对 $\ln\xi(s)$ 进行了分解:

$$\ln\xi(s)=\ln\xi(0)+\sum_\rho\ln\left(1-\frac{s}{\rho}\right)$$

[①] 这是由于 Γ 函数没有零点,而 $s-1$ 的唯一零点 $s=1$ 又恰好不是 $\xi(s)$ 的零点(因为 $\xi(1)=\xi(0)=-\zeta(0)=1/2$),因此 $\xi(s)$ 的零点只能出现在 $\zeta(s)$ 的零点处。

其中 ρ 为 $\xi(s)$ 的零点。(也就是黎曼 ζ 函数的非平凡零点——这些家伙终于出场了!)分解式中的求和对所有的 ρ 进行,并且是以先将 ρ 与 $1-\rho$ 配对的方式进行的(由于 $\xi(s)=\xi(1-s)$,因此零点总是以 ρ 与 $1-\rho$ 成对的方式出现的)。这一点很重要,因为上述级数是条件收敛的,但是在将 ρ 与 $1-\rho$ 配对之后则是绝对收敛的。这一分解式也可以写成等价的连乘积关系式:

$$\xi(s) = \xi(0) \prod_{\rho} \left(1 - \frac{s}{\rho}\right)。$$

这样的连乘积关系式对于有限多项式来说是显而易见的(只要满足 $\xi(0) \neq 0$ 这一条件即可),但对于无穷乘积来说却绝非一目了然,它有赖于 $\xi(s)$ 是整函数这一事实。其完整证明直到 34 年后的 1893 年才由阿达马在对整函数的无穷乘积表达式进行系统研究时给出。阿达马对这一关系式的证明是黎曼的论文发表之后这一领域内第一个重要进展。[①]

很明显,上述级数分解式的收敛与否与 $\xi(s)$ 的零点分布有着密切的关系。为此黎曼研究了 $\xi(s)$ 的零点分布,并由此而提出了三个重要命题:

命题一　在 $0<\mathrm{Im}(s)<T$ 的区域内,$\xi(s)$ 的零点数目约为 $(T/2\pi)\ln(T/2\pi)-(T/2\pi)$。

---

① 黎曼虽然没有详细讨论上述无穷乘积表达式的证明,但他在写下与之等价的 $\ln\xi(s)$ 的级数分解式之前提了一句:$\xi(s)$ 是一个关于 $(s-1/2)^2$ 的收敛极快的级数。这似乎暗示 $\xi(s)$ 作为 $(s-1/2)^2$ 的级数的收敛方式与它的无穷乘积表达式之间存在着联系。阿达马的证明确立了这种联系。此外,黎曼通过讨论 $\xi(s)$ 的零点分布,而对 $\ln\xi(s)$ 级数分解式的收敛性作了说明。虽然所有这些都因过于粗略而不足以构成证明,但这一暗一明两条思路后来都被证明是可以实现的。

命题二 在 $0<\mathrm{Im}(s)<T$ 的区域内，$\xi(s)$ 的位于 $\mathrm{Re}(s)=1/2$ 的直线上的零点数目也约为 $(T/2\pi)\ln(T/2\pi)-(T/2\pi)$。

命题三 $\xi(s)$ 的所有零点都位于 $\mathrm{Re}(s)=1/2$ 的直线上。

在这三个命题之中，第一个命题是证明级数分解式的收敛性所需要用到的（不过黎曼建立在这一命题基础上的说明——如我们在注释中所评述的——因过于简略而不足以构成证明）。对于这个命题黎曼的证明是指出在 $0<\mathrm{Im}(s)<T$ 的区域内 $\xi(s)$ 的零点数目可以由 $\mathrm{d}\xi(s)/2\pi\mathrm{i}\xi(s)$ 沿矩形区域 $\{0<\mathrm{Re}(s)<1,0<\mathrm{Im}(s)<T\}$ 的边界作围道积分得到。在黎曼看来，这点小小的积分算不上什么，因此他直接写下了结果（即命题一）。黎曼并且给出了该结果的相对误差为 $1/T$。但黎曼显然大大高估了他的读者的水平，因为直到 46 年后的 1905 年，他所写下的这一结果才由德国数学家曼戈尔特（Hans von Mangoldt，1854—1925）所证明（这一结果因此而被称为了黎曼-曼戈尔特公式，它除了补全黎曼论文中的一个小小证明外，也确立了黎曼 ζ 函数的非平凡零点有无穷多个）。

不过黎曼留给读者们的这点智力挫折与他那第二个命题相比却又是小巫见大巫了。将黎曼的第二个命题与前一个命题相比较可以看出，这第二个命题实际上是表明 $\xi(s)$ 的几乎所有零点——从而也就是黎曼 ζ 函数的几乎所有非平凡零点——都位于 $\mathrm{Re}(s)=1/2$ 的直线上。这是一个令人吃惊的命题，因为它比迄今为止——也就是黎曼的论文发表一个半世纪以来——人们在研究黎曼猜想上取得的所有结果都要强得多！而且黎曼在叙述这一命题时所用的语气是完全确定的,这似乎表明,当他写下这一命题时,他认为自己对此已经有了证明。可惜的是,他完全没有提及证明的细节,因此他究竟是怎么证明这一命题的? 他的证明究竟是正确的还是错误的? 我们就全都无从知晓了。除了 1859 年的论文外,黎曼还曾在一封信件中提到过这一命题,他说这一命题可以从对 ξ 函数的一种新的表达式中得到,但他还没有将之简化到可以发表的程度。这就是后人从黎曼留下的片言只语中得到的有关这一命题的全部信息。

黎曼的这三个命题就像是三座渐次升高的山峰,一座比一座巍峨,攀登起来一座比一座困难。他的第一个命题让数学界等待了46 年;他的第二个命题已经让数学界等待了超过一个半世纪;而他的第三个命题读者想必都看出来了,正是大名鼎鼎的黎曼猜想! 它要让大家等待多久呢? 没有人知道。但据说著名的德国数学家希尔伯特(David Hilbert, 1862—1943)有一次曾被人问到如果他能在500 年后重返人间,他最想问的问题是什么? 希尔伯特回答说他最想问的就是:是否已经有人解决了黎曼猜想?[①]

正所谓"山雨欲来风满楼",一直游刃有余、惯常在谈笑间让定理灰飞烟灭的黎曼到了表述这第三个命题——也就是黎曼猜想——的

[①] 有意思的是,希尔伯特一度曾对黎曼猜想的解决抱有十分乐观的看法。他在1919 年所做的一次演讲中曾经表示在他自己的有生之年可望见到黎曼猜想的解决;在年轻听众的有生之年可望见到费马猜想的解决;而另一个问题——希尔伯特第七问题——才是最困难的,因为谁也没有希望在有生之年看到它的解决。不料仅仅过了十几年,希尔伯特就活着见到了他的第七问题的解决;75 年后,费马猜想也被解决掉了;而黎曼猜想却是谁也没能活着见到它的解决。

时候,也终于一改举重若轻的风格,用起了像"非常可能"这样的不确定语气。黎曼并且写道:"我们当然希望对此能有一个严格的证明,但是在经过了一些快速而徒劳的尝试之后,我已经把对这种证明的寻找放在了一边,因为它对于我所研究的直接目标不是必需的。"黎曼把证明放在了一边,整个数学界的心弦却被提了起来,直到今天还提得紧紧的。黎曼猜想的成立与否对于黎曼的"直接目标"——证明 $\ln \xi(s)$ 的级数分解式的收敛性——的确不是必需的(因为那只要上述第一个命题就足够了),但对于今天的数学界来说却是至关重要的。粗略的统计表明,在当今的数学文献中已经有超过一千条数学命题或"定理"以黎曼猜想(或其推广形式)的成立作为前提。黎曼猜想的命运与提出这些命题或"定理"的所有数学家们的"直接目标"息息相关,并通过那些命题或"定理"而与数学的许多分支有着千丝万缕的联系。另一方面,黎曼对于黎曼猜想的表述方式也从一个侧面表明黎曼对于自己写下的命题是属于猜测性的还是肯定性的是加以区分的。因此他对于那些没有注明是猜测性的命题——包括迄今无人能够证明的上述第二个命题——应该是有所证明的(尽管由于他省略了证明,我们无从知道那些证明是否正确)。

现在让我们回到对 $J(x)$ 的计算上来。利用 $\xi(s)$ 的定义及其分解式,可以将 $\ln \zeta(s)$ 表示为

$$\ln \zeta(s) = \ln \xi(0) + \sum_{\rho} \ln\left(1 - \frac{s}{\rho}\right) - \ln \Gamma\left(\frac{s}{2} + 1\right) + \frac{s}{2} \ln \pi - \ln(s-1)$$

对 $\ln \zeta(s)$ 作这样的分解,目的是为了计算 $J(x)$。但是将这一分解式直接代入 $J(x)$ 的积分表达式所得到的各个单项积分却并不都收敛,

因此黎曼在代入之前先对 $J(x)$ 作了一次分部积分,由此得到(感兴趣的读者可自行证明)

$$J(x) = -\frac{1}{2\pi i}\frac{1}{\ln x}\int_{a-i\infty}^{a+i\infty}\frac{d}{dz}\left[\frac{\ln \zeta(z)}{z}\right]x^z dz$$

将 $\ln \zeta(s)$ 的分解式代入上式,各单项便可分别积出,其结果如表 5-1 所列。

表 5-1 $\ln \zeta(s)$ 分解式中的项及其对应的积分结果

$\ln \zeta(s)$ 分解式中的项	对应的积分结果
$-\ln(s-1)$	$Li(x)$
$\sum_{\rho}\ln\left(1-\frac{s}{\rho}\right)$	$-\sum_{\mathrm{Im}(\rho)>0}\left[Li(x^{\rho})+Li(x^{1-\rho})\right]$
$-\ln\Gamma\left(\frac{s}{2}+1\right)$	$\int_x^{\infty}\frac{dt}{t(t^2-1)\ln t}$
$\ln \xi(0)$	$\ln \xi(0)=-\ln 2$
$\frac{s}{2}\ln\pi$	0

在上述结果中,对级数 $\sum_{\rho}\ln(1-s/\rho)$ 的积分最为复杂,其结果 $-\sum_{\mathrm{Im}(\rho)>0}\left[Li(x^{\rho})+Li(x^{1-\rho})\right]$ 是对级数逐项积分的结果。这一结果是条件收敛的,不仅要如 $\ln \xi(s)$ 的级数表达式中一样将 ρ 与 $1-\rho$ 进行配对,而且还必须依照 $\mathrm{Im}(\rho)$ 从小到大的顺序求和。黎曼在给出这一结果时承认逐项积分的有效性有赖于对 ξ 函数的"更严格"的讨论,但他表示这是容易证明的。这一"容易证明"的结果在 36 年后的 1895 年被曼戈尔特所证明。另外值得指出的一点是,在黎曼对这一

级数的各个单项进行积分时隐含了一个要求,那就是对所有的零点 ρ,$0<\mathrm{Re}(\rho)<1$,[①]这比我们在前面提到过的 $0\leqslant\mathrm{Re}(\rho)\leqslant1$ 要强。这一加强看似细微(只不过是将等号排除掉而已),其实却——如我们在后文中将会看到的——是数论中一个非同小可的结果。黎曼在文章中不仅没有对这一结果加以证明,连暗示性的说明也没有,应该被视为他论文的一个漏洞。这一漏洞在曼戈尔特的证明中也同样存在。[②] 不过这一漏洞只是论证方法上的漏洞,是可以弥补的,论证的结果本身并不依赖于 $0<\mathrm{Re}(\rho)<1$ 这样的条件。

由上面这些结果黎曼得到了 $J(x)$ 的显形式:

$$J(x) = Li(x) - \sum_{\mathrm{Im}(\rho)>0}\left[Li(x^{\rho}) + Li(x^{1-\rho})\right]$$
$$+\int_x^{\infty}\frac{\mathrm{d}t}{t(t^2-1)\ln t} - \ln 2,$$

这一结果,连同第 4 章给出的 $\pi(x)$ 与 $J(x)$ 的关系式:

$$\pi(x) = \sum_n \frac{\mu(n)}{n}J(x^{1/n}),$$

便是黎曼所得到的素数分布的完整表达式,也是他 1859 年论文的主要结果。黎曼的这一结果给出的是素数分布的**精确表达式**,它的第一项(由 $J(x)$ 及 $\pi(x)$ 的第一项共同给出)正是当时尚未得到证明的素数定理所预言的结果 $Li(x)$。

---

① 确切地说是 $\mathrm{Re}(\rho)>0$,但由于 ρ 与 $1-\rho$ 总是同为零点,因此 $\mathrm{Re}(\rho)>0$ 也意味着 $\mathrm{Re}(\rho)<1$。

② 确切地说这里要区分两个不同的问题:一个是证明逐项积分的可行性,另一个是计算级数中各个单项的积分。这一漏洞是出现在后一个问题之中的。

细心的读者可能会问：黎曼既然已经给出了素数分布的精确表达式，却没能直接证明远比该结果粗糙的素数定理，这是为什么呢？这其中的奥秘就在于黎曼 ζ 函数的非平凡零点，在于 $J(x)$ 的表达式中那些与零点有关的项，即 $-\sum\limits_{\mathrm{Im}(\rho)>0} \left[Li(x^{\rho}) + Li(x^{1-\rho}) \right]$。在 $J(x)$ 的表达式中，所有其他的项都十分简单，也比较光滑，因此素数分布的细致规律——那些细致的疏密涨落——主要就蕴涵在了这个与黎曼 ζ 函数的非平凡零点有关的级数之中。如上所述，这个级数是条件收敛的，也就是说它的收敛有赖于参与求和的各项——即来自不同零点的贡献——之间的相互抵消。这些来自不同零点的贡献就像一首盘旋起伏的舞曲，引导着素数的细致分布。而这首舞曲的奔放程度——也就是这些贡献相互抵消的方式和程度——则决定了素数的实际分布与素数定理给出的渐近分布之间的接近程度。所有这一切都定量地取决于黎曼 ζ 函数非平凡零点的分布。黎曼给出的素数分布的精确表达式之所以没能立即使得对素数定理的直接证明成为可能，原因正是因为当时人们对黎曼 ζ 函数非平凡零点的分布还知道得太少（事实上当时人们所知道的也就是我们在上面已经提到过的 $0 \leqslant \mathrm{Re}(\rho) \leqslant 1$），无法有效地估计那些来自零点的贡献，从而也就无法有效地估计素数定理与素数实际分布——即黎曼给出的精确表达式——之间的偏差。

那么黎曼 ζ 函数非平凡零点的分布对素数定理与素数实际分布之间的偏差究竟有什么样的影响呢？在这个问题上数学家们已经取得了一系列结果。素数定理的证明本身就是其中一个，我们将在后文中提及。在素数定理被证明之后,1901 年,瑞典数学家科赫(von Koch,1870—1924)进一步证明了(请注意,这正是我们前面提到过的以黎曼猜想的成立为前提的数学命题的一个例子),假如黎曼猜想成立,那么素数定理与素数实际分布之间的绝对偏差为 $O(x^{1/2}\ln x)$。[①]另一方面,$Li(x^{\rho})$ 的模随 x 的增加以 $x^{\mathrm{Re}(\rho)}/\ln x$ 的方式增加,因此任何一对非平凡零点 ρ 与 $1-\rho$ 所给出的渐近贡献 $Li(x^{\rho})+Li(x^{1-\rho})$ 起码是 $Li(x^{1/2})\sim x^{1/2}/\ln x$。这一结果暗示素数定理与素数实际分布之间的偏差不可能小于 $Li(x^{1/2})$。事实上,英国数学家利特尔伍德(John Littlewood,1885—1977)曾经证明,素数定理与素数实际分布之间的偏差起码有 $Li(x^{1/2})\ln\ln\ln x$。这与科赫的结果已经非常接近(其主项都是 $x^{1/2}$)。因此黎曼猜想的成立意味着素数的分布相对有序;而反过来,假如黎曼猜想不成立,假如黎曼 ζ 函数的某一对非平凡零点 ρ 与 $1-\rho$ 偏离了临界线(即 $\mathrm{Re}(\rho)>1/2$ 或 $\mathrm{Re}(1-\rho)>1/2$),那么它们所对应的渐近贡献 $Li(x^{\rho})+Li(x^{1-\rho})$ 的主项就会大于 $x^{1/2}$,从而素数定理与素数实际分布之间的偏差就会变大。[②]

因此,对黎曼猜想的研究使数学家们看到了貌似随机的素数分布背后奇异的规律和秩序。这种规律和秩序就体现在黎曼 ζ 函数非平凡零点的分布之中,它让数学家们目驰神移。

[①]　这一结果反过来也成立,即假如素数定理与素数实际分布之间的绝对偏差为 $O(x^{1/2}\ln x)$(这个条件还可以减弱为 $O(x^{1/2+\varepsilon})$),则黎曼猜想必定成立。

[②]　在不假定黎曼猜想成立的情况下,目前所能证明的素数定理与素数实际分布之间的绝对偏差的主项为 x,远远大于黎曼猜想成立情况下的 $x^{1/2}$。

6 错钓的大鱼

在黎曼的论文发表之后的最初二三十年时间里,他所开辟的这一领域显得十分冷清,没有出现任何重大进展。如果把黎曼论文的全部内涵比作山峰的话,那么在最初这二三十年时间里,数学家们还只在从山脚往半山腰攀登的路上,只顾着星夜兼程、埋头赶路。那高耸入云的山巅还笼罩在一片浓浓的雾霭之中,正所谓高处不胜寒。但到了 1885 年,在这场沉闷的登山之旅中却爆出了一段惊人的插曲:有人忽然声称自己已经登顶归来!

这个人叫做斯蒂尔切斯(Thomas Stieltjes,1856—1894),是一位荷兰数学家。1885 年,这位当时年方 29 岁的年轻数学家在巴黎科学院发表了一份简报,声称自己证明了以下结果:

$$M(N) \equiv \sum_{n<N} \mu(n) = O(N^{1/2}),$$

这里的 $\mu(n)$ 是我们在第 4 章末尾提到过的默比乌斯函数,由它的求和所给出的函数 $M(N)$ 被称为梅尔滕斯函数(Mertens function)。这个命题看上去倒是"面善"得很:默比乌斯函数 $\mu(n)$ 不过是一个整数函数,其定义虽有些琐碎,却也并不复杂,而梅尔滕斯函数 $M(N)$ 不过是对 $\mu(n)$ 的求和,证明它按照 $O(N^{1/2})$ 增长似乎不像是一件太困难的事情。但这个其貌不扬的命题事实上却是一个比黎曼猜想更强的结果!换句话说,证明了上述命题就等于证明了黎曼猜想(但反过来则不然,否证了上述命题并不等于否证了黎曼猜想)。因此斯蒂尔切斯的简报意味着声称自己证明了黎曼猜想。

虽然当时黎曼猜想还远没有像今天这么热门，消息传得也远没有像今天这么飞快，但有人证明了黎曼猜想仍是一个非同小可的消息。别的不说，证明了黎曼猜想就意味着证明了素数定理，而后者自高斯等人提出以来折磨数学家们已近一个世纪之久，却仍未得到证明。与在巴黎科学院发表简报几乎同时，斯蒂尔切斯给当时法国数学界的一位重量级人物埃尔米特（Charles Hermite, 1822—1901）发去了一封信件，重复了这一声明。但无论在简报还是在信件中斯蒂尔切斯都没有给出证明，他说自己的证明太复杂，需要简化。

换作是在今天，一位年轻数学家开出这样一张空头支票，是很难引起数学界的任何反响的。但是 19 世纪的情况有所不同，因为当时学术界常有科学家做出成果却不公布（或只公布一个结果）的事，高斯和黎曼都是此道中人。因此像斯蒂尔切斯那样声称自己证明了黎曼猜想，却不给出具体证明，在当时并不算离奇。学术界对之的反应多少有点像现代西方法庭所奉行的无罪推定原则，即在出现相反证据之前倾向于相信声明成立。

但相信归相信，数学当然是离不开证明的，而一个证明要想得到最终的承认，就必须公布细节、接受检验。因此大家就期待着斯蒂尔切斯发表具体的证明，其中期待得最诚心实意的当属接到斯蒂尔切斯来信的埃尔米特。埃尔米特自 1882 年起就与斯蒂尔切斯保持着通信关系，直至 12 年后斯蒂尔切斯过早地去世为止。在这期间两人共交换过 432 封信件。埃尔米特是当时复变函数论的大家之一，他与斯蒂尔切斯的关系堪称数学史上一个比较奇特的现象。斯蒂尔切斯刚与埃尔米特通信时还只是莱顿天文台(Leiden Observatory)的一名助理,而且就连这个助理的职位还是靠了他父亲(斯蒂尔切斯的父亲是荷兰著名的工程师兼国会成员)的关照才获得的。在此之前他在大学里曾三度考试失败。好不容易"拉关系、走后门"进了天文台,斯蒂尔切斯却"身在曹营心在汉",手上干着天文观测的活,心里惦记的却是数学,并且给埃尔米特写了信。照说当时一无学位、二无名声的斯蒂尔切斯要引起像埃尔米特那样的数学元老的重视是不容易,甚至不太可能的。但埃尔米特是一位虔诚的天主教徒,他恰巧对数学怀有一种奇特的信仰,他相信数学存在是一种超自然的东西,寻常的数学家只是偶尔才有机会了解数学的奥秘。那么,什么样的人能比"寻常的数学家"更有机会了解数学的奥秘呢?埃尔米特凭着自己的神秘主义眼光找到了一位,那就是默默无闻的观星之人斯蒂尔切斯。埃尔米特认为斯蒂尔切斯具有上帝所赐予的窥视数学奥秘的眼光,他对之充满了信任。在他与斯蒂尔切斯的通信中甚至出现过"你总是对的,我总是错的"那样极端的赞许。在这种奇特信仰与19世纪数学氛围的共同影响下,埃尔米特对斯蒂尔切斯的声明深信不疑。

但无论埃尔米特如何催促,斯蒂尔切斯始终没有公布他的完整证明。一转眼5年过去了,埃尔米特对斯蒂尔切斯依然"痴心不改",他决定向对方"诱之以利"。在埃尔米特的提议下,法国科学院将1890年数学大奖的主题设为"确定小于给定数值的素数个数"。这个主题读者们想必有似曾相识的感觉,是的,它跟我们前

荷兰数学家斯蒂尔切斯（1856—1894）

面刚刚介绍过的黎曼那篇论文的题目十分相似。事实上，该次大奖的目的就是征集对黎曼那篇论文中提及过却未予证明的某些命题的证明（这一点明确写入了征稿要求之中）。至于那命题本身，则既可以是黎曼猜想，也可以是其他命题，只要其证明有助于"确定小于给定数值的素数个数"即可。在如此灵活的要求下，不仅证明黎曼猜想可以获奖，就是证明比黎曼猜想弱得多的结果——比如素数定理——也可以获奖。在埃尔米特看来，这个数学大奖将毫无悬念地落到斯蒂尔切斯的腰包里，因为即便斯蒂尔切斯对黎曼猜想的证明仍然"太复杂，需要简化"，他依然能通过发表部分结果或较弱的结果而领取大奖。

可惜直至大奖截止日期终了，斯蒂尔切斯依然毫无动静。

但埃尔米特也并未完全失望，因为他的学生阿达马提交了一篇论文,领走了大奖——肥水总算没有流入外人田。阿达马获奖论文的主要内容正是我们在第 5 章中提到过的对黎曼论文中辅助函数 $\xi(s)$ 的连乘积表达式的证明。这一证明虽然不仅不能证明黎曼猜想,甚至离素数定理的证明也还有一段距离,却仍是一个足可获得大奖的进展。几年之后,阿达马再接再厉,终于一举证明了素数定理。埃尔米特放出去的这根长线虽未能如愿钓到斯蒂尔切斯和黎曼猜想,却错钓上了阿达马和素数定理,斩获亦是颇为丰厚(素数定理的证明在当时其实比黎曼猜想的证明更令数学界期待)。

那么斯蒂尔切斯呢?没听过这个名字的读者可能会觉得他是一个浮夸无为的家伙,事实却不然。斯蒂尔切斯在分析与数论的许多方面都做出过重要贡献。他在连分数方面的研究为他赢得了"连分数分析之父"的美誉;挂着他名字的黎曼-斯蒂尔切斯积分(Riemann-Stieltjes integral)更是将他与黎曼的大名联系在了一起(不过两人之间并无实际联系——黎曼去世时斯蒂尔切斯才 10 岁)。但他那份哈代明信片式的有关黎曼猜想的声明却终究没能为他赢得永久的悬念。现在数学家们普遍认为斯蒂尔切斯所宣称的关于 $M(N) = O(N^{1/2})$ 的证明即便有也是错误的。不仅如此,就连命题 $M(N) = O(N^{1/2})$ 本身的成立也已受到了越来越多的怀疑。[1]

---

[1]　这是因为比 $M(N) = O(N^{1/2})$ 稍强、被称为梅尔滕斯猜想(Mertens conjecture)的命题: $M(N) < N^{1/2}$ 已于 1985 年被欧德里兹科(Andrew Odlyzko, 1949—　)与特里奥(Herman te Riele, 1947—　)所否证。受此影响,目前数学家们倾向于认为 $M(N) = O(N^{1/2})$ 也并不成立,不过到目前为止还没人能够证明(或否证)这一点。

7 从零点分布到素数定理

素数定理自高斯与勒让德以经验公式的形式提出（详见第 3 章）以来，许多数学家对此做过研究。其中一个比较重要的结果是由俄国数学家切比雪夫（Pafnuty Chebyshev，1821—1894）做出的。早在 1850 年，切比雪夫就证明了对于足够大的 x，素数分布 $\pi(x)$ 与素数定理给出的分布 $Li(x)$ 之间的相对误差不会超过 11%。[①]

但在黎曼 1859 年的研究以前，数学家们对素数分布的研究主要局限在实分析手段上。从这个意义上讲，即使撇开具体的结果不论，黎曼建立在复变函数之上的研究仅就其方法而言，也是对素数分布研究的重大突破。这一方法上的突破为素数定理的最终证明铺平了道路。[②]

在第 5 章的末尾我们曾经提到，黎曼对素数分布的研究之所以没能直接导致素数定理的证明，是因为人们对黎曼 ζ 函数非平凡零点的分布还知道得太少。那么，为了证明素数定理，我们起码要知道多少有关黎曼 ζ 函数非平凡零点分布的信息呢？这一问题的答案到

---

① 比这更早一些，切比雪夫还证明了：如果 $\lim\limits_{x\to\infty}\{\pi(x)/[x/\ln(x)]\}$ 存在，它必定等于 1。切比雪夫的研究对于黎曼的研究及后来人们对素数定理的证明都有影响。

② 复变函数方法在证明素数定理中所起的作用是如此之巨大，以至于一度有人认为素数定理不存在初等证明（elementary proof）——即不用复变函数方法的证明。不过这一点在 1949 年被挪威数学家塞尔伯格（Atle Selberg，1917—2007）与匈牙利数学家爱尔迪希（Paul Erdös，1913—1996）所推翻，他们找到了素数定理的初等证明。在他们之后，更多的初等证明被陆续发现。

了 1895 年随着曼戈尔特对黎曼论文的深入研究而变得明朗起来。曼戈尔特的研究我们在第 5 章中已经提到过,正是他证明了黎曼关于 $J(x)$ 的公式。但曼戈尔特那项研究的价值比仅仅证明黎曼关于 $J(x)$ 的公式要深远得多。

曼戈尔特在研究中使用了一个比黎曼的 $J(x)$ 更简单有效的辅助函数 $\Psi(x)$,它的定义为

$$\Psi(x) = \sum_{n<x} \Lambda(n),$$

其中 $\Lambda(n)$ 被称为曼戈尔特函数(von Mangoldt function),它对于 $n = p^k$(p 为素数,k 为自然数)取值为 $\ln(p)$;对于其他 n 取值为 0。应用 $\Psi(x)$,曼戈尔特证明了一个本质上与黎曼关于 $J(x)$ 的公式相等价的公式:

$$\Psi(x) = x - \sum_\rho \frac{x^\rho}{\rho} - \frac{1}{2}\ln(1-x^{-2}) - \ln(2\pi)$$

其中有关 ρ 的求和与黎曼的 $J(x)$ 中的求和一样,也是先将 ρ 与 $1-\rho$ 配对,再依 $\text{Im}(\rho)$ 从小到大的顺序进行。

很明显,曼戈尔特的 $\Psi(x)$ 表达式比黎曼的 $J(x)$ 简单多了。时至今日,$\Psi(x)$ 在解析数论的研究中差不多已完全取代了黎曼的 $J(x)$。引进 $\Psi(x)$ 的另一个重大好处是早在几年前,上文提到的切比雪夫就已经证明了素数定理 $\pi(x) \sim Li(x)$ 等价于 $\Psi(x) \sim x$。为了纪念切比雪夫的贡献,曼戈尔特函数也被称为第二切比雪夫函数(second Chebyshev function)。

将这一点与曼戈尔特有关 $\Psi(x)$ 的那个本质上与黎曼关于 $J(x)$

的公式相等价的公式联系在一起，不难看到素数定理成立的条件是 $\lim\limits_{x\to\infty}\sum\limits_{\rho}(x^{\rho-1}/\rho)=0$。这一条件启示我们考虑 $x^{\rho-1}$ 在 $x\to\infty$ 时趋于零的情形。而要让 $x^{\rho-1}$ 在 $x\to\infty$ 时趋于零，$\mathrm{Re}\,(\rho)$ 必须小于 1。换句话说黎曼 ζ 函数在直线 $\mathrm{Re}(s)=1$ 上必须没有非平凡零点。这就是我们为证明素数定理而必须知道的有关黎曼 ζ 函数非平凡零点分布的信息。[①] 由于黎曼 ζ 函数的非平凡零点是以 ρ 与 $1-\rho$ 成对的方式出现的，因此这一信息等价于 $0<\mathrm{Re}(s)<1$。

读者们大概还记得，在第 5 章中我们曾经提到过（证明参阅附录 A），黎曼 ζ 函数的所有非平凡零点都位于 $0\leqslant\mathrm{Re}(s)\leqslant1$ 的区域内。因此为了证明素数定理，我们所需知道的有关黎曼 ζ 函数非平凡零点分布的信息要比我们已知的（也是当时数学家们已知的）略多一些（但仍大大少于黎曼猜想所要求的）。这样，在经过了切比雪夫、黎曼、阿达马和曼戈尔特等人的卓越努力之后，我们离素数定理的证明终于只剩下了最后一小步：即把已知的零点分布规律中那个小小的等号去掉。[②] 这一小步虽也绝非轻而易举，却已难不住在黎曼峰上攀登了三十几个年头，为素数定理完整证明的到来等待了一个世纪的数学家们。曼戈尔特的结果发表后的第二年（即 1896 年），阿达马与普森就几乎同时独立地给出了对这最后一小步的证明，从而完成了自高斯以来数学界的一个重大心愿。那时斯蒂尔切斯已经去世两

①　不过由于所处理的是无穷级数，对这一点的严格证明并不是轻而易举的。
②　这也正是我们在第 5 章中提到的黎曼在计算 $J(x)$ 的过程中对与零点有关的级数的单项进行积分时隐含（或者说遗漏）的条件。

年了。①

经过素数定理的证明，人们对于黎曼 ζ 函数非平凡零点分布的了解又推进了一步，那就是证明了黎曼 ζ 函数的所有非平凡零点都位于复平面上 $0 < \mathrm{Re}(s) < 1$ 的区域内。在黎曼猜想的研究中数学家们把这个区域称为临界带（critical strip）。

素数定理的证明——尤其是以一种与黎曼的论文如此密切相关的方式所实现的证明——让数学界把更多的注意力放到了黎曼猜想上来。四年后（即 1900 年）的一个夏日，两百多位当时最杰出的数学家会聚到了巴黎，一位 38 岁的德国数学家走上了讲台，作了一次永载数学史册的伟大演讲。演讲的题目叫做《数学问题》，演讲者的名字叫做希尔伯特（David Hilbert，1862—1943），他恰好来自高斯与黎曼的学术故乡——群星璀璨的哥廷根大学。他是哥廷根数学精神的伟大继承者，一位与高斯及黎曼齐名的数学巨匠。希尔伯特在演讲稿中列出了 23 个对后世产生深远影响的数学问题，黎曼猜想被列为其中第八个问题的一部分，从此成为整个数学界瞩目的难题之一。

20 世纪的数学大幕在希尔伯特的演讲声中徐徐拉开，黎曼猜想也迎来了一段新的百年征程。

---

① 但即便如此，阿达马在发表他的结果时仍谦虚地表示，他之所以发表有关黎曼 ζ 函数在 $\mathrm{Re}(s)=1$ 上没有零点的证明，是因为斯蒂尔切斯有关半平面 $\mathrm{Re}(s)>1/2$ 上没有零点的证明尚未发表，并且那一证明可能要困难得多。

8 零点在哪里

随着黎曼论文中的外围命题——那些被黎曼随手写下却没有予以证明的命题——逐渐得到证明,随着素数定理的攻克,也随着希尔伯特演讲的聚焦作用的显现,数学界终于把注意力渐渐投向了黎曼猜想本身,投向了那座巍峨的主峰。

不知读者们有没有注意到,我们谈了这么久的黎曼 ζ 函数,谈了那么久的黎曼 ζ 函数的非平凡零点,却始终没有谈及过任何一个具体的非平凡零点。这也是黎曼论文本身的一个令人瞩目的特点,即高度的言简意赅,它除了没有对所涉及的许多命题给予证明外,也没有对所提出的包括黎曼猜想在内的若干最困难的命题提供任何数值计算方面的支持。黎曼叙述了许多有关黎曼 ζ 函数非平凡零点的命题(比如第 5 章中提到的三大命题),却没有给出任何一个非平凡零点的数值!

倘若那些非平凡零点是容易计算的,那倒也罢了,可是就像被黎曼省略掉的那些命题个个都令人头疼一样,黎曼 ζ 函数的那些非平凡零点也个个都不是省油的灯。

它们究竟在哪里呢?

直到 1903 年(即黎曼的论文发表后的第 44 个年头),丹麦数学家格拉姆(Gørgen Gram,1850—1916)才首次公布了对黎曼 ζ 函数前 15 个非平凡零点的计算结果。① 在这 15 个零点中,格拉姆对前 10 个零点计算到了小数点后第六位,而后 5 个零点——由于计算繁复程度的增加——只计算到了小数点后第一位。为了让读者对黎曼 ζ 函数的非平凡零点有一个具体印象,我们把格拉姆所计算的这 15 个零点列在下面。与此同时,我们也列出了这 15 个零点的现代计算值(保留到小数点后第七位),以便大家了解格拉姆计算的精度 (表 8-1)。

表 8-1 黎曼 ζ 函数前 15 个非平凡零点

零点序号	格拉姆的零点数值	现代数值
1	$1/2+14.134\,725i$	$1/2+14.134\,725\,1i$
2	$1/2+21.022\,040i$	$1/2+21.022\,039\,6i$
3	$1/2+25.010\,856i$	$1/2+25.010\,857\,5i$
4	$1/2+30.424\,878i$	$1/2+30.424\,876\,1i$
5	$1/2+32.935\,057i$	$1/2+32.935\,061\,5i$
6	$1/2+37.586\,176i$	$1/2+37.586\,178\,1i$
7	$1/2+40.918\,720i$	$1/2+40.918\,719\,0i$
8	$1/2+43.327\,073i$	$1/2+43.327\,073\,2i$
9	$1/2+48.005\,150i$	$1/2+48.005\,150\,8i$
10	$1/2+49.773\,832i$	$1/2+49.773\,832\,4i$

---

① 由于黎曼 ζ 函数在上半复平面与下半复平面的非平凡零点是一一对应的(请读者自己证明),因此在讨论时只需考虑虚部大于零的零点。我们把这些零点以虚部大小为序排列,所谓"前 15 个零点"指的是虚部最小的 15 个零点。后文中所有此类说法的含义也都是如此。

零点序号	格拉姆的零点数值	现代数值
11	1/2＋52. 8i	1/2＋52. 970 321 4i
12	1/2＋56. 4i	1/2＋56. 446 247 6i
13	1/2＋59. 4i	1/2＋59. 347 044 0i
14	1/2＋61. 0i	1/2＋60. 831 778 5i
15	1/2＋65. 0i	1/2＋65. 112 544 0i

　　几十年来,这是数学家们第一次拨开迷雾实实在在地看到黎曼 ζ 函数的非平凡零点,看到那些蕴涵着素数分布规律的神秘家伙。它们都乖乖地躺在 44 年前黎曼画出的那条奇异的临界线上。格拉姆的计算所使用的是 18 世纪 30 年代发展起来的欧拉-麦克劳林公式 (Euler-Maclaurin formula)①。在只有纸和笔的年代里,这种计算是极其困难的,格拉姆用了好几年的时间才完成对这 15 个零点的计算。但即便付出如此多的时间,付出极大的艰辛,他在后五个零点的计算精度上仍不得不有所放弃。

　　在格拉姆之后,贝可隆(Ralf Josef Backlund,1888—1949)于

---

　　① 欧拉-麦克劳林公式是一个将求和与积分联系起来的公式,它使得人们既可以用积分来逼近求和,也可以用求和来逼近积分,从而是一种很有用的近似计算手段。欧拉-麦克劳林公式可以表述为：$\sum_k f(k) = \int f(k)\mathrm{d}k + (1/2)[f(m) + f(n)] + \sum_j B_{2j}/(2j)![f^{(2j-1)}(n) - f^{(2j-1)}(m)]$。其中左端对(自然数)$k$ 的求和从 m 到 n；右端对 k 的积分从 m 到 n,对 j 的求和从 1 到 ∞；B_{2j} 为伯努利数($B_2 = 1/6, B_4 = -1/30, B_6 = 1/42,\cdots$)。欧拉-麦克劳林公式的成立对函数 $f(k)$ 有一定的要求。

1914年把对零点的计算推进到了前79个零点。再往后,经过哈代、利特尔伍德、美国数学家哈钦森(John Hutchinson,1867—1935)等人的努力(包括计算方法上的一些改进——但主体上仍使用欧拉-麦克劳林公式),到了1925年,人们计算出了前138个零点,它们全都位于黎曼猜想所预言的临界线上。

不过到了这时候,以欧拉-麦克劳林公式为主要手段的零点计算也已经复杂到了几乎令人难以逾越的程度,零点计算暂时陷入了停顿状态。

9　黎曼的手稿

随着数学界对黎曼猜想兴趣的日益增加,这个猜想的难度也日益显露了出来。当越来越多的数学家在高不可测的黎曼猜想面前遭受挫折之后,其中的一些人开始流露出对黎曼 1859 年论文的一些不满之意。我们在上文提到,黎曼的论文既没有对它所涉及的许多命题给予证明,又没有给出哪怕一个黎曼 ζ 函数非平凡零点的数值。尽管黎曼在数学界享有崇高的声誉,尽管此前几十年里人们通过对他论文的研究一再证实了他的卓越见解。但在攀登主峰的尝试屡屡遭受挫折,计算零点的努力又举步维艰的情况下,对黎曼的怀疑声音终于还是无可避免地出现了。

于是在承认黎曼的论文为"最杰出及富有成果的论文"之后,我们在第 1 章中提到过的德国数学家兰道开始表示:"黎曼的公式远不是数论中最重要的东西,他不过是创造了一些在改进之后有可能证明许多其他结果的工具";于是在为证明黎曼猜想度过了一段"苦日子"之后,上文提到过的英国数学家利特尔伍德开始表示:"假如我们能够坚定地相信这个猜想是错误的,日子会过得更舒适些";于是就连用黎曼猜想跟上帝耍过计谋的英国数学家哈代也开始认为黎曼有关零点的猜测只不过是个猜测,仅此而已。"仅此而已"的意思就是没别的了——即没有任何计算及证明方面的依据。换句话说,数学家们开始认为黎曼论文中写下来的一切大致也就是他在这一论题上所做过的一切,他那猜想的依据只是直觉,而非证据。

那么黎曼猜想究竟是只凭借直觉呢，还是有着其他的依据？黎曼在那篇言简意赅的论文中写下来的东西究竟是不是他在这方面的全部研究呢？黎曼的论文本身当然不可能为这些问题提供答案。那么答案要到哪里去寻找呢？只能到他的手稿中去寻找。

我们曾经提到过，在黎曼那个时代，许多数学家公开发表的东西往往只是他们所做研究的很小一部分。在这种情况下，他们的手稿及信件就成了科学界极为珍贵的财富。这种珍贵绝不是因为如今人们所习以为常的那种名人用品的庸俗商业价值，而是在于其巨大的学术价值。因为通过它们，人们不仅可以透视那些伟大先辈们的"beautiful mind"（美丽心灵），更可以发掘他们未曾公开过的研究成果，堪称是开挖一座座大大小小的宝藏。

不幸的是，黎曼手稿的很大一部分却在他去世之后被他可恶的管家付之一炬了，只有一小部分被他妻子埃莉斯(Elise)抢救了出来。埃莉斯把那些劫后余生的数学手稿大部分交给了丈夫的生前挚友戴德金(Richard Dedekind，1831—1916)。这是我们在后文中将会提到的一位著名的德国数学家。但是在将手稿交给戴德金之后隔了几年，埃莉斯又后悔了，因为她觉得那些数学手稿中还夹带着一些私人及家庭方面的信息，于是她向戴德金索回了一部分手稿。在这部分手稿中，有许多几乎通篇都是数学，只在其中夹带了极少量的私人信息——比如一位朋友的姓名等，也不幸遭到了索回。这其中对我们来说最关键的乃是一本小册子，那是黎曼1860年春天在巴黎时的记录。那正是他发表有关黎曼猜想的论文之后的几个月。那几个月巴黎的天气十分糟糕,很多时候黎曼都待在住所里研究数学。许多人猜测,在那段时间里黎曼所思考的很可能与他几个月前所研究的黎曼ζ函数及其零点有关联,而那本被埃莉斯索回的小册子中很可能就记录了与黎曼猜想有关的一些想法。可惜那本数学家们非常渴望获得的小册子从此再也没有出现过,直到今天,它的去向依然是一个谜。有人说它曾被德国数学及数学史学家哈根(Erich Bessel-Hagen,1898—1946)获得过,但哈根死于"二战"刚结束后的混乱年月中,他的遗物始终没有被人找到。

那些有幸躲过了管家的火把、又没有被埃莉斯索回的手稿,戴德金将它们留在了哥廷根大学的图书馆里,这就是如今数学家和数学史学家们可以看到的黎曼的全部手稿(Nachlass)。

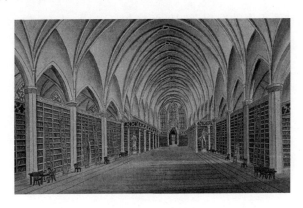

哥廷根大学图书馆

自黎曼的手稿存放在哥廷根大学图书馆以来,陆续有一些数学家及数学史学家前去研究。但只要想一想黎曼正式发表的有关黎曼猜想的论文尚且如此艰深,就不难想象研读他那些天马行空、诸般论题混杂、满篇公式却几乎没有半点文字说明的手稿该是一件多么困难的事情。许多人满怀希望而来,却又两手空空、黯然失望而去。

黎曼的手稿就像一本高明的密码本,牢牢守护着这位伟大数学家的思维奥秘。

但是到了 1932 年,终于有一位数学家从那些天书般的手稿中获得了重大的发现! 这一发现一举粉碎了那些认为黎曼的论文只有直觉而无证据的猜测,并对黎曼 ζ 函数非平凡零点的计算方法产生了脱胎换骨般的影响,让在第 138 个零点附近停滞多年的欧拉-麦克劳林方法相形见绌。这一发现也将它的发现者的名字与伟大的黎曼联系在了一起,从此不朽。

这位破解天书的发现者叫做西格尔(Carl Ludwig Siegel,1896—1981),他是黎曼的同胞——一位德国数学家。

10　探求天书

西格尔是一位非常反战的德国人,早年曾因拒服兵役而遭到拘押,幸亏兰道的父亲出面帮助才得以重归自由。他曾计划在柏林学习天文学,因为天文学是看上去最远离战争的学科。但是入学那年的天文学课程开得较晚,为了打发时光,他去旁听了德国数学家弗罗贝尼乌斯(Ferdinand Georg Frobenius,1849—1917)的数学课。这一听很快改变了他的人生轨迹,使他最终成为一名数学家。

德国数学家西格尔(1896—1981)

西格尔于 1919 年来到哥廷根,跟随兰道研究数论。当时希尔伯特的 23 个数学问题已非常出名,而兰道本人对黎曼猜想——希尔伯特第八问题的一部分——也颇有研究。在这种氛围的影响下,西格尔也开始了对黎曼猜想的研究。他对黎曼猜想的一些想法得到了希尔伯特本人的赏识,在希尔伯特的支持下,西格尔于 1922 年获得了法兰克福大学(Goethe University Frankfurt)的教职。

  但尽管如此,西格尔对黎曼猜想的研究并没有取得实质性的进展。正当他为此而苦恼的时候,一封来自哈根的信件寄到了他的案头。这位哈根我们在第 9 章中曾经提到过,他就是那位据传有可能得到过一部分被黎曼妻子索回的黎曼手稿的数学及数学史学家。①哈根当时正在研究黎曼的手稿,但和西格尔研究黎曼猜想一样苦苦无法取得实质性进展。由于哈根自身的背景侧重于数学史,对于破解像黎曼的手稿那样艰深的东西来说,这样的背景显然是不够的。于是他便想到建议数学功底高他几筹的纯数学家来试试,看他们是否能有所突破。在哥廷根的数学家中对黎曼猜想感兴趣的当首推希尔伯特和兰道,但这两位都是大师级的人物,哈根不敢贸然相扰,于是他把目光投向了正在研究黎曼猜想的只比他大两岁的年轻人西格尔,写信建议他来研究黎曼的手稿。

  对西格尔来说哈根的建议不失为一个散心的机会。另一方面,如我们在第 9 章中所说,当时数学界对黎曼及其猜想的怀疑已开始蔓延,这种怀疑气氛也影响到了哥廷根。黎曼是不是真的只凭直觉提出他的猜想? 西格尔对此也不无好奇,有意一探究竟。于是他写信向哥廷根图书馆索来了黎曼的手稿。

  当那位已被岁月部分地涂抹成只凭直觉研究数学的前辈宗师的手稿终于出现在西格尔眼前的时候,他不由得想起了高斯爱说的一

---

  ① 不过在哈根建议西格尔研究黎曼手稿的这件事情之中,被黎曼妻子索回的那部分手稿未被提及。从这点上看,那传闻即便属实,可能也是后来的事情。

句话：工匠总是会在建筑完成后把脚手架拆除的。现在他所看到的正是一位最伟大工匠的脚手架，任何人只要看上一眼就绝不会再相信那些有关黎曼只凭直觉研究数学的传言。只可惜那些臆想并散布传言的数学家们——包括与黎曼的手稿近在咫尺的睿智的哥廷根的数学家们——竟然谁也没有费心来看一眼这些凝聚着无比智慧的手稿！

在黎曼的手稿中，西格尔发现了黎曼在论文中只字未提的黎曼 ζ 函数的前三个非平凡零点的数值！[①] 很显然，这表明黎曼的论文背后是有着计算背景的。黎曼的这一计算比我们在第 8 章中提到的格拉姆的计算早了 44 年。这倒也罢了，因为格拉姆对零点的计算虽比黎曼的晚，精度却比黎曼的高得多。但是西格尔对黎曼计算零点的方法进行了细致的整理和研究，结果吃惊地发现黎曼所用的方法不仅远远胜过了格拉姆所用的欧拉-麦克劳林公式，也远远胜过了哈代和利特尔伍德等人对欧拉-麦克劳林公式的改进。一句话，黎曼用来计算零点的方法远远胜过了数学界当时已知的任何方法。而这个"当时"乃是 1932 年，距离黎曼猜想的提出已有 73 个年头，距离黎曼逝世也已有 66 个年头，黎曼又一次跨越时间远远地走到了整个数学界的前面。而且黎曼的这一公式是如此的复杂，[②]有些数学家甚至认为假如不是西格尔把它从黎曼的手稿中整理出来的话，也许直到今天，数学家们都无法独立地发现它。

———————————

[①] 后来的一些数学史学家甚至认为黎曼有可能计算过多达 20 个零点。

[②] 当然这里所谓的复杂是指推导和表述上的复杂，而不是指计算零点时的复杂——后者虽然也确实复杂，却要比同等精度下的欧拉-麦克劳林公式来得简单（否则就谈不上是远远胜过欧拉-麦克劳林公式了）。

　　西格尔在整理这一公式上的功绩和所付出的辛劳是怎么评价也不过分的,如我们在第9章中所说,黎曼的手稿乃是诸般论题混杂、满篇公式却几乎没有半点文字说明的手稿。而且黎曼一生最后若干年的生活很不宽裕,用纸十分节约,每张稿纸的角角落落都写满了东西,使得整个手稿更显混乱。再加上黎曼所写的那些东西本身的艰深,西格尔能从中整理出如此复杂的公式对数学界实在是功不可没。为了表达对西格尔这一工作的敬意,数学家们将他从黎曼手稿中整理发现的这一公式称为黎曼-西格尔公式。黎曼若泉下有知,也当乐见他的这位后辈同胞的名字通过这一公式与自己联系在一起,因为在这之后,再也没有人会怀疑他论文背后的运算背景了。

　　发表于1932年的黎曼-西格尔公式是哥廷根数学辉煌的一抹余辉。随着纳粹在德国的日益横行,大批杰出的科学家被迫或主动离开了德国,曾经是数学圣地的哥廷根一步步地走向了衰落。1933年,兰道因其"犹太式的微积分与雅里安(Aryan)的思维方式背道而驰"而被剥夺了授课资格,离开了他一生挚爱的数学讲堂。出于对战争的厌恶,西格尔也于1940年离开了德国。哥廷根的衰落是德国文化史上最深重的悲剧之一。在这场悲剧中最痛苦的也许要算希尔伯特,他是自高斯和黎曼之后哥廷根数学传统的灵魂人物,从某种意义上讲,哥廷根也是希尔伯特的灵魂。他一生为发扬哥廷根的数学传统付出了无数的心力,哥廷根记录了他一生的荣耀与自豪,而今在他年逾古稀的时候却要残酷地目睹这一切的辉煌烟消云散。1943年,希尔伯特黯然离开了人世,哥廷根的一个时代走到了终点。

11　黎曼-西格尔公式

　　黎曼-西格尔公式的推导极其复杂,不可能在这里加以介绍。不过为了使读者对黎曼 ζ 函数非平凡零点的计算有一个大致了解,我们将对计算零点的基本思路作一个简单叙述,并给出黎曼-西格尔公式的表述(给出这一复杂公式的表述并不是为了显摆,而是因为我们将在第 12 章使用这一公式)。

　　读者们也许还记得,在第 5 章中我们曾经介绍过黎曼所引进的一个辅助函数

$$\xi(s) = \Gamma\Big(\frac{s}{2}+1\Big)(s-1)\pi^{-s/2}\zeta(s),$$

它的零点与黎曼 ζ 函数的非平凡零点重合。因此,我们可以通过对 $\xi(s)$ 零点的计算来确定黎曼 ζ 函数的非平凡零点。这是计算黎曼 ζ 函数零点的基本思路。由于 $\xi(s)$ 满足一个特殊的条件: $\xi(s) = \xi(1-s)$,运用复变函数论中的反射原理(reflection principle)很容易证明(读者不妨自己试试),在 $\text{Re}(s) = 1/2$ 的直线(即黎曼猜想中的临界线)上 $\xi(s)$ 的取值为实数。这表明在临界线上通过研究 $\xi(s)$ 的符号改变就可以确定零点的存在。这是利用 $\xi(s)$ 计算零点的一个极大的优势。接下来我们将只考虑 s 的取值在临界线上的情形,为此令 $s = 1/2 + it$(t 为正实数)。利用 $\xi(s)$ 的定义可以证明(请读者自行完成):

$$\xi\Big(\frac{1}{2}+it\Big) = \left[e^{\text{Reln }\Gamma(s/2)}\pi^{-1/4}\frac{(-t^2-1/4)}{2} \right]$$

$$\times \left[e^{i\mathrm{Imln}\,\Gamma(s/2)} \pi^{-it/2} \zeta\left(\frac{1}{2} + it\right) \right]。 \qquad (11\text{-}1)$$

很明显,式(11-1)中第一个方括号内的表达式始终为负,因此在计算 $\xi(s)$ 的符号改变——从而确定零点——时可以忽略。这表明要想确定黎曼 ζ 函数的非平凡零点,实际上只需研究式(11-1)中第二个方括号内的表达式就可以了。我们用 $Z(t)$ 来标记这一表达式,即

$$Z(t) = e^{i\mathrm{Imln}\,\Gamma(s/2)} \pi^{-it/2} \zeta\left(\frac{1}{2} + it\right)。$$

至此,研究黎曼 ζ 函数的非平凡零点就归结为了研究 $Z(t)$ 的零点,而后者又可以归结为研究 $Z(t)$ 的符号改变。

那么黎曼-西格尔公式是什么呢? 它就是 $Z(t)$ 的渐近展开式,其具体表述为

$$Z(t) = 2 \sum_{n^2 < (t/2\pi)} n^{-1/2} \cos[\theta(t) - t\ln n] + R(t),$$

其中

$$\theta(t) = \frac{t}{2}\ln\frac{t}{2\pi} - \frac{t}{2} - \frac{\pi}{8} + \frac{1}{48t} + \frac{7}{5760t^3} + \cdots, \qquad (11\text{-}2)$$

$$R(t) \sim (-1)^{N-1}\left(\frac{t}{2\pi}\right)^{-1/4}\left[C_0 + C_1\left(\frac{t}{2\pi}\right)^{-1/2} + C_2\left(\frac{t}{2\pi}\right)^{-2/2}\right.$$

$$\left. + C_3\left(\frac{t}{2\pi}\right)^{-3/2} + C_4\left(\frac{t}{2\pi}\right)^{-4/2} \right]。 \qquad (11\text{-}3)$$

式(11-3)中的 $R(t)$ 称为剩余项(remainder),其中的 N 为 $(t/2\pi)^{1/2}$ 的整数部分,$R(t)$ 中各项的系数分别为

$$C_0 = \Psi(p) \equiv \frac{\cos[2\pi(p^2 - p - 1/16)]}{\cos(2\pi p)},$$

$$C_1 = -\frac{1}{2^5 \times 3 \times \pi^2} \Psi^{(3)}(p),$$

$$C_2 = \frac{1}{2^{11} \times 3^2 \times \pi^4} \Psi^{(6)}(p) + \frac{1}{2^6 \times \pi^2} \Psi^{(2)}(p),$$

$$C_3 = -\frac{1}{2^{16} \times 3^4 \times \pi^6} \Psi^{(9)}(p) - \frac{1}{2^8 \times 3 \times 5 \times \pi^4} \Psi^{(5)}(p)$$

$$- \frac{1}{2^6 \times \pi^2} \Psi^{(1)}(p),$$

$$C_4 = \frac{1}{2^{23} \times 3^5 \times \pi^8} \Psi^{(12)}(p) + \frac{11}{2^{17} \times 3^2 \times 5 \times \pi^6} \Psi^{(8)}(p)$$

$$+ \frac{19}{2^{13} \times 3 \times \pi^4} \Psi^{(4)}(p) + \frac{1}{2^7 \times \pi^2} \Psi(p),$$

其中 p 为 $(t/2\pi)^{1/2}$ 的分数部分, $\Psi^{(n)}(p)$ 为 $\Psi(p)$ 的 n 阶导数。

这就是西格尔从黎曼手稿中整理出来的计算黎曼 ζ 函数非平凡零点的公式。[①] 确切地讲它只是计算黎曼 ζ 函数——或者更确切地讲函数 $Z(t)$ ——的数值的公式，要想确定零点的位置还必须通过多次计算逐渐逼近，其工作量比单单计算黎曼 ζ 函数的数值大得多。读者们也许会感到奇怪，如此复杂的公式加上如此迂回的步骤，在没有计算机的年代里能有多大用处？的确，计算黎曼 ζ 函数的非平凡零点即便使用黎曼-西格尔公式也是极其繁复的工作，别的不说，只要看看 C_4 中对 $\Psi(p)$ 的导数竟高达 12 阶之多就足令人头疼了。但是同样一件工作，在一位只在饭后茶余瞥上几眼的过客眼里与一位

---

① 这里有两点需要提醒读者：一是黎曼手稿中 C_4 中 $\Psi(p)$ 的系数与西格尔给出的有所不同；二是我们没有使用西格尔原始论文中的记号。

对其倾注生命、不惜花费时光的数学家眼里,它的可行性是完全不同的。就像在一位普通人,甚或是一位普通数学家的眼里黎曼能做出如此深奥的数学贡献是不可思议的一样。

不过,也不要把黎曼-西格尔公式看得太过可怕,因为在第 12 章中,我们就将一起动手用这一公式来计算一个黎曼 ζ 函数的非平凡零点。当然,我们会适当偷点懒,也会用用计算器,甚至还要用点计算机软件。毕竟,我们与西格尔之间又隔了大半个世纪,具备了偷懒所需的信息和工具。然后,我们将继续我们的旅途,去欣赏那些勤奋的人们所完成的工作,那才是真正的风景。

12　休闲课题：围捕零点

时下流行一种休闲方式叫做 DIY(Do It Yourself)，讲究自己动手做一些原本只有工匠才做的东西，比方说自己动手做件陶器什么的。在像我这样懒散的人看来这简直比工作还累，可如今许多人偏偏就兴这个，或许是领悟了负负得正(累累得闲?)的道理吧。既是大势如此，我们也乐得共襄盛举，安排"休闲"一下，让大家亲自动手用黎曼-西格尔公式来计算一个黎曼 ζ 函数的非平凡零点。

DIY 一般有个特点，那就是课题本身看起来虽颇见难度，实际做起来却通常是捡其中相对简单的来做(以免打击休闲的积极性)。我们计算零点也是如此，挑其中相对简单——即容易计算——的非平凡零点来计算。那么什么样的非平凡零点比较容易计算呢? 显然是那些听黎曼的话，乖乖躺在临界线上的——因为不在临界线上的非平凡零点即便有也绝不可能容易计算，否则黎曼猜想早被推翻了。

如我们在第 11 章中所见，黎曼-西格尔公式包含了许多计算量很大的东西，其中最令人头疼的是求和，因为它使计算量成倍地增加。不过幸运的是那个求和是对 $n^2 < (t/2\pi)$ 的自然数 n 进行的，因此如果 $t < 8\pi \approx 25$，求和就只有 $n=1$ 一项。这显然是比较简单的，因此我们狡猾的目光就盯在了这一区间上。在这一区间上，黎曼-西格尔公式简化成为

$$Z(t) = 2\cos[\theta(t)] + R(t),$$

这就是我们此次围捕零点的工具。

在正式围捕之前,我们先做一点火力侦察——粗略地估计一下猎物的位置。我们要找的是使 $Z(t)$ 为零的点,直接寻找显然是极其困难的,但我们注意到 $2\cos[\theta(t)]$(通常被称为主项)在 $\theta(t)=(m+1/2)\pi$ 时为零(m 为整数),这是一个不错的出发点。由第 11 章中 $\theta(t)$ 的表达式不难证明,在所有这些使 $2\cos[\theta(t)]$ 为零的 $\theta(t)$ 中,$\theta(t)=-\pi/2$(即 $m=-1$)是使 t 在 $t<25$ 中取值最小的(当然,别忘了 t 是正实数),它所对应的 t 为 $t\approx14.5$。这是我们关于零点的第一个估计值。纯以数值而论,它还算不错,相对误差约为 3%。

接下来我们对这个估计值进行一次修正。修正的理由是显而易见的,因为 $t\approx14.5$ 时 $R(t)$ 明显不为零。为了计算 $R(t)$,我们注意到 $t\approx14.5$ 时 $(t/2\pi)^{1/2}\approx1.5$,因此 $R(t)$ 中的参数 N——$(t/2\pi)^{1/2}$ 的整数部分——为 1,p——$(t/2\pi)^{1/2}$ 的分数部分——约为 0.5。由此可以求出 $R(t)$ 中的第一项——$C_0(t/2\pi)^{-1/4}$——约为 0.3。

为了抵消这额外的0.3,我们需要对 t 进行修正,使 $2\cos[\theta(t)]$ 减少 0.3。我们采用最简单的线性近似 $\Delta t\approx\Delta\{2\cos[\theta(t)]\}/\{2\cos[\theta(t)]\}'$ 来计算这一修正值。为此注意到 $2\cos[\theta(t)]$ 在 $t\approx14.5$ 处的导数 $\{2\cos[\theta(t)]\}'$ 为 $-2\theta'(t)\sin[\theta(t)]\approx-2(1/2)\ln(14.5/2\pi)\sin(-\pi/2)\approx0.83$。由此可知 t 需要修正为 $t+\Delta t\approx14.5-0.3/0.83\approx14.14$。这个数值与零点的实际值之间的相对误差仅为万分之四。但是需要提醒读者的是,这种估计——无论从数值上讲多么高明——都不足以证明零点的存在,而至多只能作为围捕零点前的火

力侦察。

那么究竟怎样才能证明零点的存在呢？我们在第 11 章中已经叙述了基本思路,那就是通过计算 $Z(t)$ 的符号,如果 $Z(t)$ 在临界线上某两点的符号相反,就说明黎曼 ζ 函数在这两点之间存在零点。我们上面所做的估计就是为这一计算做准备的。现在我们就来进行这样的计算。由于我们已经估计出在 $t=14.14$ 附近可能存在零点,因此我们就在 $14.1 \leqslant t \leqslant 14.2$ 的区间上撒下一张小网。如果我们的计算表明 $Z(t)$ 在这一区间的两端,即 $t=14.1$ 与 $t=14.2$,具有不同的符号,那就证明了黎曼 ζ 函数在 $t=14.1$ 与 $t=14.2$ 之间存在零点。[①]

下面我们就来进行计算:

对于 $t=14.1$,$(t/2\pi)^{1/2} \approx 1.498\,027$,$\theta(t) \approx -1.742\,722$。因而主项 $2\cos[\theta(t)] \approx -0.342\,160$,剩余项 $R(t)$ 中 $p \approx 0.498\,027$,从而其中第一项(即 C_0 项)为 $C_0(t/2\pi)^{-1/4} \approx 0.312\,671$。由这两部分(即主项及剩余项中的第一项)可得

$$Z(14.1) \approx -0.342\,160 + 0.312\,671 = -0.029\,498。$$

类似地,对于 $t=14.2$,$(t/2\pi)^{1/2} \approx 1.503\,330$,$\theta(t) \approx -1.702\,141$。因而主项 $2\cos[\theta(t)] \approx -0.261\,934$,剩余项 $R(t)$ 中 $p \approx 0.503\,330$,从而其中第一项(即 C_0 项)为 $C_0(t/2\pi)^{-1/4} \approx 0.312\,129$。由这两部分

① 要注意的是,$Z(t)$ 在一个区间的两端具有不同符号只是黎曼 ζ 函数在该区间内存在零点的充分条件,而非必要条件。换句话说,假如我们不幸发现 $Z(t)$ 在我们所取的两点上具有相同的符号,我们并不能由此直接得出结论说黎曼 ζ 函数在这两点之间不存在零点。至于这是为什么,请大家 DIY。

（即主项及剩余项中的第一项）可得

$$Z(14.2) \approx -0.261\,934 + 0.312\,129 = 0.050\,195。$$

显然，如我们所期望的，$Z(14.1)$ 与 $Z(14.2)$ 的符号相反，这表明在 $t=14.1$ 与 $t=14.2$ 之间存在黎曼 ζ 函数的非平凡零点。当然，我们还没有考虑 $C_1 \sim C_4$ 项。这些项中带有 C_0 的各阶导数，计算起来工作量非同小可，有违休闲的目的，因此就只好偷点懒了。熟悉计算软件的读者可以动用 Maple、MATLAB 或 Mathematica 之类的计算软件来算一下。对于其他读者来说，我们就把算得的结果直接列在表 12-1 中了（其中包括我们手工算得的结果）。

表 12-1　$t=14.1$ 和 $t=14.2$ 时的各项计算值

	$t=14.1$	$t=14.2$
N	1	1
p	0.498 027	0.503 330
$\theta(t)$	$-1.742\,722$	$-1.702\,141$
$2\cos[\theta(t)]$	$-0.342\,160$	$-0.261\,934$
C_0 项	0.312 671	0.312 129
C_1 项	0.000 058	0.000 097
C_2 项	0.001 889	0.001 872
C_3 项	0.000 001	0.000 002
C_4 项	0.000 075	0.000 074
$Z(t)$	$-0.027\,446$	0.052 042

从表 12-1 所列的结果中可以看到，剩余项中的高阶项的贡献虽

然有所起伏，但与第一项相比在总体上是很小的。对我们来说，这当然是很令人欣慰的结果，因为它表明我们手工所能计算的部分给出的贡献是主要的。这还是 t 较小的情况，随着 t 的增加，由于高阶项中所含 t 的负幂次较高，其贡献会变得越来越小。[1] 不过要严格表述这种趋势并予以证明，却绝非轻而易举。事实上黎曼-西格尔公式作为 $Z(t)$ 的渐近展开式，其敛散性质与误差估计都是相当复杂的。

现在我们知道了黎曼 ζ 函数在 $t=14.1$ 与 $t=14.2$ 之间存在零点。如果我们再仔细点，注意到 $Z(14.1)$ 与 $Z(14.2)$ 距离 $Z(t)=0$ 的远近之比为 $0.027\,446:0.052\,042$，用线性内插法可以推测零点的位置为

$$t \approx 14.1 + (14.2 - 14.1) \times \frac{0.027\,446}{0.027\,446 + 0.052\,042} \approx 14.1345。$$

这与现代数值 $t=14.1347$ 的相对偏差只有不到十万分之二！即使只估计到 C_0 项（这是我们自己动手所及的范围），其误差也只有不到万分之二（请读者自行完成内插法计算并验证误差）。

好了，猎物在手，我们的简短休闲也该见好就收了。大家是否体验到了一些成就感呢？要知道，黎曼 ζ 函数的零点可是在黎曼的论文发表之后隔了 44 年才有人公布计算结果的哦。当然，我们用了黎曼-西格尔公式，但这没什么，一个好汉三个帮嘛！再说了，DIY 哪有真的百分之百从头做起，连工具设备都包括在内的？想象一下，如果

---

[1] 但另一方面，随着 t 的增加，黎曼-西格尔公式中的求和所包含的项数会逐渐增加，因此计算的总体复杂程度并不呈现下降趋势。

你 DIY 出来的陶器能够把缺陷控制在万分之二以内,那是何等的风光? 当然,倘若你可以退回一百多年,把这个结果抢在格拉姆之前公布一下,那就更风光了。

在本章的最后,还有一件可能让大家有成就感的事情要提一下。那就是我们所用的估计零点的方法——从使 $2\cos[\theta(t)]$ 为零的点出发,然后依据 $R(t)$ 的数值对其进行修正,①最后再用 $Z(t)$ 的符号变化来确定零点的存在——暗示着黎曼 ζ 函数在临界线上 $0 < t < T$ 的零点数目大致与 $\cos[\theta(t)]$ 的零点数目相当。而后者大约有(请大家 DIY)$\theta(T)/\pi \sim (T/2\pi)\ln(T/2\pi) - (T/2\pi)$ 个。不知大家是否还记得,这正是我们在第 5 章中介绍过的黎曼那三个命题中迄今无人能够证明的第二个命题! 当然,我们这个也不是证明(真可惜,否则的话,嘿嘿……),但这应该使大家对我们的休闲手段之高明有所认识吧!

---

① 对于求和中有不止一项的情形,修正所依据的将不仅仅是 $R(t)$,但思路是类似的。

13　从纸笔到机器

黎曼-西格尔公式的发表大大促进了人们对黎曼 ζ 函数非平凡零点的计算。如我们在第 11、12 两章的介绍及实际运用中看到的，黎曼-西格尔公式中的求和的项数是由 $n^2<(t/2\pi)$ 这一条件确定的，这表明用黎曼-西格尔公式计算一个位于 $s=1/2+it$ 附近的零点所需的计算量为 $O(t^{1/2})$。而在这之前人们所用的欧拉-麦克劳林公式计算同一零点所需的计算量约为 $O(t)$，两者在计算量上的差别——也就是黎曼-西格尔公式相对于欧拉-麦克劳林公式的优越幅度——随着 t 的增大而变得越来越明显。因此黎曼-西格尔公式对于黎曼 ζ 函数非平凡零点的大规模计算来说，要比欧拉-麦克劳林公式有效得多。

黎曼-西格尔公式发表之后大约过了四年，哈代的学生、英国数学家蒂奇马什(Edward Titchmarsh，1899—1963)就成功地计算出了黎曼 ζ 函数的前 1041 个零点——如所预料的，它们全都位于临界线上。这是 11 年来数学家们首次突破我们在第 8 章提到过的 138 个零点的记录。蒂奇马什的工作在黎曼 ζ 函数非平凡零点计算史上的地位是双重的：从计算方法上讲，它是数学家们首次运用黎曼-西格尔公式取代欧拉-麦克劳林公式进行的大规模零点计算；从计算手段上讲，蒂奇马什的计算使用了英国海军部用来计算天体运动与潮汐的一台打孔式计算机(punched-card machine)，这是数学家们在零点计算上首次使用机器计算取代传统的纸笔计算。这两个转折是数学与技术相辅相成的结果,它奠定了直到今天人们对黎曼 ζ 函数非平凡零点进行计算的基本模式。

蒂奇马什之后零点的计算因第二次世界大战的爆发而中断了十几年。战后最先将计算推进下去的是著名的英国数学家图灵(Alan Turing,1912—1954)。图灵其实早在战前就对黎曼猜想产生了兴趣。与当时的许多其他年轻数学家一样,图灵对希尔伯特演讲中提到的数学问题很感兴趣,这其中又尤其以第十问题与包含了黎曼猜想的第八问题最让他着迷①。他后来的主要研究大都是以这两个问题为主轴展开的。1936 年图灵到普林斯顿大学读研究生,在那里见到了来访的哈代——他原本希望能见到著名逻辑学家哥德尔(Kurt Gödel,1906—1978),可惜后者当时已去了欧洲。那时哈代对黎曼猜想的态度已经相当悲观。这种悲观情绪对图灵产生了影响,他觉得这么多年来所有证明黎曼猜想的努力都归于失败也许不是偶然的,而意味着应该换个角度思考问题了。人们一直无法证明黎曼猜想,也许并非因为它太难,而是因为它根本就不成立!

一个数学命题,它的成立固然需要证明,它的不成立同样也需要证明。那么,假如黎曼猜想真的不成立,我们怎样才能证明这一点呢?我们当然可以试图从数学上直接证明其不成立(或证明其否命题成立),这是一种方法。但还有一种办法,那就是找到一个反

---

① 希尔伯特第十问题是:给定一个任意的丢番图方程,设计一种普遍的算法,能用有限多次运算确定该方程是否有整数解。图灵对计算机及人工智能的研究与这一问题有着密切的关系。

例——找到一个不在临界线上的零点。这种方法的好处就是不在乎数量多少，只要一个反例就足够了，正所谓"一粒老鼠屎就能坏掉一锅粥"。被后世誉为"计算机与人工智能之父"的图灵显然对后一种方法情有独钟。当时图灵已经提出了后来以他名字命名的图灵机的概念。很自然的，他希望建造一台机器来计算零点。但是这一工作起步不久，英国就卷入了"二战"，图灵开始参与英国情报部门破译德军密码的工作，建造机器的计划被搁置了下来。直到战争结束后，图灵才渐渐恢复了建造机器及计算零点的计划。图灵虽然是以其对计算机及人工智能领域的卓越贡献著称的，但他在传统数学领域内也有相当深厚的功力，早在读本科的时候，就曾独立证明了概率论中著名的中心极限定理（central limit theorem），只可惜比芬兰数学家林德伯格（Jarl Waldemar Lindeberg, 1876—1932）晚了十余年。在建造机器的同时，图灵对计算零点的数学方法也进行了研究，并做了一些改进。

经过几年的努力，到了 20 世纪 50 年代初，图灵终于完成了自己的机器，并且比在"二战"前创造过纪录的蒂奇马什略进一步，于1953 年计算出了前 1104 个零点。不过他试图寻找黎曼猜想反例的努力并不成功，因为他所计算出的所有零点全都位于临界线上，黎曼猜想在他计算所及的范围内岿然不动。在那之后，图灵的机器坏掉了。几乎与此同时，他的个人生活也遭遇了极大的挫折。他于 1952年被控犯有当时属于违法的同性恋行为，受到强制药物治疗及缓刑的处罚。两年后他被发现因氰化物中毒死于寓所。多数人相信他是

黎曼猜想漫谈

64

自杀。①

在图灵之后，随着计算机技术的加速发展，数学家们对零点的计算也推进得越来越快，几乎呈现出你追我赶之势：1956 年，莱默（D. H. Lehmer）计算出了前 25 000 个零点；两年后梅勒（N. A. Meller）把这一记录推进到了前 35 337 个零点；1966 年，莱曼（R. S. Lehmann）再次刷新纪录，他计算了前 250 000（二十五万）个零点；三年后这一记录又被罗瑟（J. B. Rosser）改写为了前 3 500 000（三百五十万）个零点。

黎曼 ζ 函数的零点计算步入了快车道！

---

① 从某种角度看，图灵与传记作品及影片《美丽心灵》（*A Beautiful Mind*）的主角、美国数学家纳什（John Nash，1928—2015）颇有相似之处：两人都对纯数学有着浓厚兴趣，研究成果却对应用领域影响深远；两人都对物理学有过一些兴趣；两人都有为军方服务的经历；两人后来的精神世界都偏离了常轨……

14   最昂贵的葡萄酒

验证了三百五十万个零点虽不足以证明什么，但对黎曼猜想还是有着一定的心理支持作用。不过许多数学家对这点心理支持作用很不以为然，其中有一位数学家最为突出，不仅不以为然，而且还跟同事打赌！

这位数学家是德国普朗克数学研究所（Max Planck Institute for Mathematics）的查基尔（Don Zagier,1951— ）。对查基尔来说，区区三百五十万个零点对黎曼猜想来说简直就是"零证据"（zero evidence），因为他认为黎曼猜想的反例根本就不可能出现在这么靠前的零点之中，因此当时已完成的所有有关黎曼 ζ 函数非平凡零点的计算在他看来其实都还远没有涉及真正有价值的区域。

那么究竟要计算多少个零点对黎曼猜想才可能会具有判定性的价值呢？查基尔通过对一些由黎曼 ζ 函数衍生出来的辅助函数的研究，而做出了自己的估计，他认为大约要计算 300 000 000（三亿）个零点。

查基尔的怀疑论调很快遇到了对手。20 世纪 70 年代初，普朗克数学研究所的访客名单中出现了一位铁杆的黎曼猜想支持者：意大利数学家邦别里（Enrico Bombieri,1940— ）。这是一位非同小可的人物，在数论、分析及代数几何领域都有不凡的造诣，并在不久之后的 1974 年获得数学界的最高奖——菲尔兹奖（Fields Medal）。邦别里深受英国哲学家奥卡姆（William of Occam,1288—1348）的科学简单性原则——俗称奥卡姆剃刀（Occam's Razor）——的影响，对他来说，一个不在临界线上的零点就像交响乐中的一个失控的音符，是完全无法令人接受的，因此黎曼猜想一定得成立。

一个疑心重重，一个深信不疑，怎么办呢？查基尔提议打赌。不过人生苦短，两人都意识到自己未必能有机会在有生之年见到黎曼猜想被证明或否证。为了不使赌局太过遥遥无期，双方决定以查基尔认为具有判定性价值的前三亿个零点为限。如果黎曼猜想在前三亿个零点中出现反例，就算查基尔获胜；反之，如果黎曼猜想被证明，或者虽然没被证明，但在前三亿个零点中没有出现反例，则算邦别里获胜。① 他们定下的赌注为两瓶波尔多葡萄酒（Bordeaux）。

赌局已定，接下来就是等待结果了。要等多久呢？查基尔也做出了自己的估计，他认为这个赌局要分出胜负也许得等上三十年的时间，理由是当时计算机的运算能力距离能够计算三亿个零点还相差很远，而且计算黎曼 ζ 函数的零点没什么应用价值，在 CPU 时间十分昂贵的时代并不是人们热衷的计算课题。可是没想到仅仅过了几年，1979 年，由澳大利亚数学家布伦特（Richard Brent，1946— ）领导的一个研究组就把零点计算推进到了前 81 000 000（八千一百万）个零点。不久之后，荷兰国家数学及计算机科学研究所（National Research Institute for Mathematics and Computer Science）的数学家

---

① 严格讲，他们的赌约还忽略了一种可能性，那就是黎曼猜想在数学上被否证，但反例并不出现在前三亿个零点之中（或虽然出现在前三亿个零点之中，但尚未有人做过计算）。显然，这个忽略对查基尔比较不利，不过它对赌局后来的发展没有产生影响。

特里奥(Herman te Riele, 1947—)领导的一个研究组更是成功地计算出了前两亿个零点。

所有这些被计算出的零点都毫无例外地落在了黎曼猜想所预言的临界线上。这一系列神速的进展大大出乎了查基尔的意料，对他的钱包更毫无疑问的是一串大大的凶兆。到这时查基尔已经知道自己太低估计算机领域的发展速度了。不过特里奥在两亿个零点处终止计算还是让他松了一口气，他庆幸地表示："毫无疑问他们有能力推进到三亿，但感谢上帝，他们没那么做。现在我总算有几年的时间可以喘息了。他们是不会为了多算50％而推进的。人们会等待能够算到十亿个零点的那一天，那将是许多年后的事了。"

查基尔的如意算盘不能说毫无道理。毕竟，计算零点不像百米赛跑，在百米赛跑中由于比赛纪录已经逼近了人类所能达到的速度极限，因此大家会不惜为百分之一秒的细微差异争个你死我活。计算零点却是一条没有尽头的征程，计算能力的发展在相当长的时间内也是没有尽头的。在这种没有尽头的征程上，仅仅多算百分之几十的零点是不够刺激的，人们更感兴趣的是数量级上的推进。这也正是查基尔认为自己可以喘息几年的心理屏障。可惜人算不如天算。令查基尔万万没有想到的是，他的一位好朋友——荷兰数学家伦斯特拉(Hendrik Lenstra, 1949—)当时正好与特里奥同在一个城市——阿姆斯特丹！伦斯特拉是知道查基尔和邦别里的赌局的。如今眼看好戏就要开演了，正自心痒难搔，特里奥竟然不合时宜地在两亿个零点处停了下来，伦斯特拉心里那份难受就甭提了（大家以后可得留神好朋友啊),于是他给特里奥做了耐心的思想工作:你知不知道,如果你算到三亿,查基尔就会输掉一个赌局!特里奥一听原来计算零点还有这么伟大的意义,那还等什么?把查基尔干掉啊!于是大家一鼓作气把计算推进到了 307 000 000(三亿零七百万)个零点处。那是在 1982 年。

查基尔输了。

查基尔兑现了诺言,买来两瓶波尔多葡萄酒,邦别里当场打开其中一瓶与查基尔共享。这一瓶酒,用查基尔的话说,是世界上被喝掉的最昂贵的葡萄酒。因为正是为了这两瓶葡萄酒,特里奥特意多计算了一亿个零点。这花费了整整一千个小时的 CPU 时间,而特里奥所用的计算机的 CPU 时间在当时大约是七百美元一小时。换句话说,这两瓶葡萄酒是用七十万美元的计算经费换来的,从这个意义上讲,被他们喝掉的那一瓶葡萄酒的价值高达三十五万美元!

喝完了那瓶葡萄酒,查基尔从此对黎曼猜想深信不疑。只不过,邦别里相信黎曼猜想是因为它的美丽,是因为奥卡姆剃刀;而查基尔相信黎曼猜想则是因为证据,是因为他觉得证据已经足够强了。

15 更高、更快、更强

　　三亿个零点摆平了查基尔,但显然远不是对黎曼 ζ 函数非平凡零点进行计算的终点。不过在介绍进一步的进展之前,我们先要对零点计算做一点补充说明。

　　当我们说到零点计算的时候,一般人会很自然地认为所谓零点计算,顾名思义就是计算零点的数值。不知读者在阅读第 14 章时有没有想过这样一个问题:那就是三亿个零点,即使每个只保留十位有效数字,写下来也有三十亿个数字(如果加上小数点、等号及零点编号等,则数字差不多还要翻上一番)。这许多数字以每页三千个数字而论,起码也要一百万页纸才能记录下来! 当然,大规模的零点计算既然是用计算机进行的,计算结果不是非得记录在纸上不可的。但三十亿个数字所需占据的存储空间差不多是 3 GB,这在今天虽然算不了什么,在 1982 年却是非同小可的数量,用任何方式来记录都并不容易。以计算机硬盘为例,当时容量为几个 MB 的就算是很大的硬盘了,价格十分昂贵。而要想记录三亿个零点,起码需要上千个那样的硬盘! 那得花多少钱? 若果真如此,查基尔岂不还大大低估了他那两瓶葡萄酒的价值?

　　其实,狡猾的特里奥根本就没有计算那三亿个零点的具体数值。事实上,除了最初那些小范围的计算外,我们前面介绍的大规模零点计算基本上都并不给出零点的具体数值,而只是验证它们是否在临界线上。因此,当人们说"计算了前 N 个零点"时,实际上指的往往

只是验证了前 N 个零点是否位于临界线上。[①]

但是不计算零点的数值，又如何能判断零点是否在临界线上呢？答案其实很简单。我们在第 11 章中曾经介绍过，要研究黎曼 ζ 函数在临界线上的零点，只需研究 $Z(t)$ 的符号改变即可。假如在区间 $0 < t < T$ 内 $Z(t)$ 的符号改变了 N 次，则黎曼 ζ 函数在临界线上该区间内至少有 N 个零点。另一方面，我们虽不确定是否所有零点都在临界线上，却知道它们全部位于临界带 $0 < \mathrm{Re}(\rho) < 1$ 内（参阅第 7 章），而人们早就知道如何计算临界带内位于区间 $0 < \mathrm{Im}(\rho) < T$ 内的零点总数（最早的方法是由黎曼本人给出的，即对 $d\xi(s)/2\pi i\xi(s)$ 沿矩形区域 $\{0 < \mathrm{Re}(\rho) < 1, 0 < \mathrm{Im}(\rho) < T\}$ 的边界做围道积分——参阅第 5 章）。显然，只要我们能够证明：

（1）在临界带内位于区间 $0 < \mathrm{Im}(\rho) < T$ 的零点总数为 N；

（2）在临界线上位于区间 $0 < t < T$ 的零点至少有 N 个。

就可以推知黎曼 ζ 函数的前 N 个零点全部位于临界线上。由于这两者的证明都不必涉及零点的具体数值。因此我们可以不计算零点数值就直接证明黎曼 ζ 函数的前 N 个零点（或更一般地，复平面上某个区域内所有的非平凡零点）都位于临界线上，这正是大多数零点计算所采用的方法。

对黎曼 ζ 函数零点的计算越推进（即 N 越大），我们在复平面上

---

① 举个例子来说，虽然早在 1982 年特里奥就"计算了"前三亿个零点，但直到 1985 年欧德里兹科与特里奥才合伙对区区两千个零点做了真正的数值计算（精度达小数点后一百位），并以此为基础一举否证了梅尔滕斯猜想（参阅第 6 章的注释）。

沿虚轴方向就延伸得越高(即 T 越大)。随着计算机的运算速度越来越快、运算成本越来越低,特里奥的三亿个零点的纪录很快就失守了。四年后,由他本人及范德伦恩(J. van de Lune)领衔将计算推进到了十五亿个零点。此后范德伦恩及其他一些人继续进行着零点计算。不过这时已很少有人像当年的图灵那样觉得有可能通过零点计算直接找到黎曼猜想的反例,也再没有像查基尔那样敢于下注的"勇士"了。人们在计算零点上的兴趣和投入遂大为下降。这其中一个显著的变化就是逐渐用廉价的小型或微型计算机取代以往的大型计算机,且往往使用机器的闲散时间而非正规工作时间来进行零点计算。但尽管如此,计算机技术的神速发展还是抵消了所有这些因素带来的不利影响。零点计算仍在推进着,只是推进的速度变得缓慢起来。这种趋势一直延续到了 20 世纪末(2000 年)。

但是到了 21 世纪伊始的 2001 年 8 月,情况有了新的变化。德国伯布林根 IBM(Böblingen IBM)实验室的研究者魏德涅夫斯基(Sebastian Wedeniwski)启动了一个被称为 ZetaGrid 的计划,建立了远胜于往昔的强有力的黎曼 ζ 函数非平凡零点计算系统,重新将零点计算推向了"快车道"。ZetaGrid 系统将零点计算通过计算机网络分散到了大量的计算机上,从而极大地拓展了资源利用面。这种将计算工作通过网络分散到大量计算机上的计算被称为分布式计算(distributed computing)。ZetaGrid 刚启动的时候,加入系统的计算机只有 10 台,半年后就增加到了 500 台,这些都是 IBM 实验室的内部计算机。一年后,魏德涅夫斯基将 ZetaGrid 推向了互联网,任何人只要下载安装一个小小的软件包就可以使自己的机器加入 ZetaGrid，此举很快吸引了大量的参与者。很快地，在 ZetaGrid 上的联网计算机总数就稳定在了一万以上。虽然 ZetaGrid 上的多数计算是利用那些联网计算机的闲散 CPU 时间进行的，但涓涓小溪可以汇成浩瀚江海，由如此大量的计算机所形成的总体运算能力依然十分可观。到了 2004 年 8 月，即 ZetaGrid 诞生三周年的日子，这一系统所计算的零点总数已超过了八千五百亿个（其中有六百万个是由本文作者的计算机贡献的），而且还在以大约每天十亿个以上的速度增加着。①

---

① 可惜的是，看似如日中天的 ZetaGrid 在那之后不久就迎来自己的结局，而且是一个不太走运的结局。关于这个结局请参阅附录 B：超越 ZetaGrid。

16 零点的统计关联

　　除了不计算具体数值这一特点外,前面所介绍的那些大规模零点计算还有一个特点,那就是都只针对前 N 个零点。换句话说,所有那些计算都是以第一个零点为起始的。它们所验证都只是复平面上 $0<\mathrm{Im}(\rho)<T$ 这一区间内的零点。除了这类计算外,在零点计算中还有一类计算也十分重要,那就是针对一个虚部很大的区间 $T_1<\mathrm{Im}(\rho)<T_2$ 的计算(即从某个很大的序号开始的零点计算)。这类计算中最著名的人物是出生于波兰的数学家欧德里兹科(Andrew Odlyzko,1949—),他在 20 世纪 80 年代末和 90 年代初对序号在 $10^{20}-30\,769\,710$ 和 $10^{20}+144\,818\,015$ 之间的总计 175 587 726 个零点进行了计算。2001 年和 2002 年,他更是把计算的起始点推进到了第 10^{22} 个和 10^{23} 个零点附近,所计算的零点数目也分别增加到了一百亿个和两百亿个。欧德里兹科的这些计算不仅所涉及的区域远远超出了包括 ZetaGrid 在内的所有其他零点计算的验证范围,而且还包含了对零点数值的计算。这些计算对于研究黎曼猜想的意义不仅在于它们提供了有关这一猜想的新的数值证据,更重要的是它们为一类新的研究,即研究黎曼 ζ 函数的非平凡零点在临界线上的统计关联提供了数据。这也正是欧德里兹科进行这类计算的目的。

　　欧德里兹科为什么会想到要为研究零点的统计关联提供数据呢? 这还得从 20 世纪 70 年代初说起。当时英国剑桥大学有位来自美国的研究生叫做蒙哥马利(Hugh Montgomery),他所研究的课题是零点在临界线上的统计关联。

蒙哥马利这个名字不知大家有没有觉得面熟？对了,本书的题记正是出自此人!①

我们以前谈论零点分布的时候,所关心的往往只是零点是否分布在临界线上。蒙哥马利的研究比这更进一步。他想知道的是,假如黎曼猜想成立,即所有非平凡零点都分布在临界线上,那它们在临界线上的具体分布会是什么样的?

在蒙哥马利进行研究的时候虽然已经有罗瑟对前三百五十万个零点的计算结果(参阅第 13 章),但如我们在上文中所说,那些计算并不涉及零点的具体数值,从而无法为他提供统计研究的依据。因此蒙哥马利只能另辟蹊径,从纯理论的角度来研究零点在临界线上的统计关联。

蒙哥马利对零点分布的这一理论研究从某种意义上讲恰好与黎曼对素数分布的研究互逆。黎曼的研究是着眼于通过零点分布来表示素数分布(参阅第 5 章),而蒙哥马利的研究则是逆用黎曼的结果,着眼于通过素数分布来反推零点分布。

不幸的是,素数分布本身在很大程度上就是一个谜(否则黎曼也

①《数学文化》2015 年第 1 期刊登了一篇题为《名系介绍——密歇根大学数学系》的文章,其中有一段对蒙哥马利的新近采访,依据那段采访,当被问及是否说过被本书引为这句话时,蒙哥马利作了否定的回答。不过,我所引述的这句话来自萨巴(Karl Sabbagh)的 *The Riemann Hypothesis : The Greatest Unsolved Problem in Mathematics* 一书,该书作者也采访过蒙哥马利,并且那段话是放在引号内,作为原话而非转述记录下来的,具有同等分量——若考虑到接受萨巴采访时蒙哥马利比现在年轻十几岁,甚至可以说更有分量。因此我对引述不作变更,但添此注释作为说明。(2015 年 4 月注)

美国数学家蒙哥马利

就不会试图通过零点分布来研究素数分布了）。除了素数定理外，有关素数分布的很多命题都只是猜测。而素数定理，如我们在第 7 章中看到的，与零点分布的相关性非常弱，不足以反推出蒙哥马利感兴趣的信息。于是蒙哥马利把目光投注到了比素数定理更强的一个命题，那便是哈代与利特尔伍德于 1923 年提出的关于孪生素数（twin prime）分布规律的猜测，即迄今尚未被证明的著名的强孪生素数猜想。① 蒙哥马利以黎曼猜想的成立为前提，以黎曼的公式及哈代与利特尔伍德所猜测的孪生素数分布规律为依据，研究提出了一个有关黎曼 ζ 函数的非平凡零点在临界线上的分布规律的重要命题：

$$\lim_{T\to\infty} \frac{\left| \left\{ (t',t'') \mid 0 \leqslant t' < t'' \leqslant T, \dfrac{2\pi\alpha}{\ln(T/2\pi)} \leqslant t'' - t' \leqslant \dfrac{2\pi\beta}{\ln(T/2\pi)} \right\} \right|}{\dfrac{T}{2\pi}\ln\dfrac{T}{2\pi}}$$

① 所谓孪生素数，是指形如 p 和 $p+2$ 的素数对（即间隔为 2 的素数对）。所谓强孪生素数猜想，是指哈代和利特尔伍德所提出的孪生素数分布密度的渐近形式。

$$= \int_{\alpha}^{\beta} \left[1 - \left(\frac{\sin \pi t}{\pi t} \right)^2 \right] \mathrm{d}t, \qquad (16\text{-}1)$$

式中 t' 和 t'' 分别表示一对零点的虚部，α 和 β 是两个常数（$\alpha < \beta$）。很明显，式(16-1)表示的是零点的对关联（pair correlation）规律。这一规律被称为 **蒙哥马利对关联假设**（Montgomery pair correlation conjecture），其中的密度函数 $\rho(t) = 1 - \left[\sin(\pi t) / \pi t \right]^2$ 则称为零点的对关联函数（pair correlation function）。

从上述分布规律中可以看到 $\lim_{t \to 0} \rho(t) = 0$，这表明两个零点互相靠近的几率很小。换句话说黎曼 ζ 函数的非平凡零点有一种互相排斥的趋势。这一点很有些出乎蒙哥马利的意料。蒙哥马利曾经以为零点的分布是高度随机的，如果那样的话，对关联函数应该接近于 $\rho(t) \equiv 1$。这一分布也不同于蒙哥马利当时见过的任何其他统计分布——比如泊松分布或正态分布——中的对关联函数，它与素数本身的分布也大相径庭。

这一分布究竟有何深意呢？对蒙哥马利来说还是一个谜。

大家也许还记得，在第 5 章中我们曾经介绍过黎曼提出的三个命题，其中第一个命题（也是迄今唯一被证明的一个）表明在区间 $0 < \mathrm{Im}(\rho) < T$ 内黎曼 ζ 函数的非平凡零点的数目大约为 $(T/2\pi)\ln(T/2\pi) - (T/2\pi)$。由此不难推知（请读者自行证明）黎曼 ζ 函数相邻零点的间距（即虚部之差）平均而言为 $\Delta t \sim 2\pi / \ln(t/2\pi)$。这一间距随 t 而变，这使得蒙哥马利对关联假设的形式呈现出一点表观上的复杂性。有鉴于此，蒙哥马利之后的数学家（比如欧德里兹科）对零点的虚部做了一点处理，引进了间距归一化的零点虚部：

$$n = \frac{t}{2\pi} \ln \frac{t}{2\pi}。$$

利用这一定义,相邻零点的平均间距被归一化为了 $\Delta n \sim 1$,而蒙哥马利对关联假设则可以简化为(请读者自行证明)

$$\lim_{N \to \infty} \frac{|\{(n', n'') \mid 0 \leqslant n' < n'' \leqslant N, \alpha \leqslant n'' - n' \leqslant \beta\}|}{N}$$

$$= \int_{\alpha}^{\beta} \left[1 - \left(\frac{\sin \pi t}{\pi t} \right)^2 \right] dt。$$

蒙哥马利对关联假设提出之后,一个很自然的问题就是:零点分布果真符合这一假设吗?这正是欧德里兹科登场的地方。由于蒙哥马利对关联假设涉及的是对关联在 $T \to \infty$ 情形下的渐近分布,因此要想对这一假设进行高精度的统计检验,最有效的办法是研究虚部很大的零点的分布,这也正是欧德里兹科将零点计算推进到 10^{20} 及更高的区域,并且计算其数值的原因。那么这两人的研究结果的匹配程度如何呢?我们在图 16-1 中给出了蒙哥马利零点对关联假设中的关联函数(曲线)及由欧德里兹科利用 10^{20} 附近七千万个零点对之进行统计检验的结果(数据点)。

两者的吻合几乎达到了完美的境界。

1972 年春天,刚刚完成上述零点统计关联研究的蒙哥马利带着他的研究成果飞往美国圣路易斯(St. Louis)参加一个解析数论会议。在正式行程之外,他顺道在普林斯顿高等研究院(Institute for Advanced Study)做了短暂的停留。没想到这一停留却在数学与物理之间造就了一次奇异的交汇,我们黎曼猜想之旅也因此多了一道神奇瑰丽的景致。

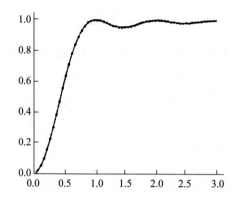

图 16-1 零点的对关联函数与计算数据的对比

17   茶室邂逅

蒙哥马利虽然得到了有关黎曼 ζ 函数非平凡零点对关联函数的猜测性结果，但这一结果究竟有什么深意，对他来说却还是一个谜。他觉得这个结果应该预示着某种东西，可那究竟是什么东西呢？他毫无头绪，这多少让他感到有些苦恼。

带着他的研究成果，也带着那几分苦恼，蒙哥马利于 1972 年春天飞往美国圣路易斯参加一个解析数论会议。那趟旅行对蒙哥马利有着一举数得的意义。除会议本身外，他还到密歇根大学（University of Michigan）所在地安娜堡（Ann Arbor）买了房子，因为此前不久他已接受了一份密歇根大学的工作。

至此，那趟旅行可以说已经获得了精神与物质的双重丰收。但在结束旅行前蒙哥马利还有一件事情放心不下。

我们在第 3 章曾经提到过高斯有一个"坏毛病"，那就是常常不发表自己的工作，结果使得同时代的许多数学家在研究课题上与他"撞车"（与高斯那样的大师玩"碰碰车"，谁的脑袋先碰破就不必说了）。无独有偶，20 世纪的普林斯顿高等研究院也出了一位有同样"坏毛病"的数学家，那便是挪威数学家塞尔伯格（Atle Selberg，1917—2007）。塞尔伯格在黎曼猜想的研究中也有着极为重要的地位，我们在后文中将会更多地介绍他，这里就先不赘述了。让蒙哥马利放心不下的就是自己会不会与塞尔伯格"撞车"？自己的这项研究工作会不会不幸地在塞尔伯格的某一叠草稿纸上已经有了？当然，除此之外他也很想顺便听听这位黎曼猜想研究领域中的顶尖高手对自己这项研究的看法,尤其是想听听他对这项研究背后可能隐藏着的深意的理解。

于是在返回英国前他决定在普林斯顿高等研究院做短暂的停留,以便会见一下塞尔伯格。

蒙哥马利如愿见到了塞尔伯格。但塞尔伯格听完了他的工作介绍后只是礼貌地表示了兴趣,却没有提出具体意见。不过他总算也没有说:"干得不错,小伙子,但是 N 年前我就已经证明过这样的结果了。"这还是让蒙哥马利松了一口气。

见过塞尔伯格,心事算基本了却了,蒙哥马利便和他的朋友、印度数学家乔拉(Sarvadaman Chowla,1907—1995)一同到普林斯顿高等研究院的富德楼(Fuld Hall)去喝下午茶。喝下午茶是一种很普通的休闲,但对普林斯顿高等研究院(以及其他很多美国高校及研究所)来说,却是学术氛围的一个重要组成部分。在这一时间里,来自世界各地、从事不同研究的学者们在茶室里互相攀谈,交流看法,往往会撞击出一些意想不到的智慧火花。蒙哥马利的这次下午茶就是一个很好的例子。

蒙哥马利和乔拉正在喝茶闲聊的时候,一位物理学家走了进来。

在普林斯顿高等研究院这样一个科学家阵容豪华得近乎奢侈的地方,在随便哪个角落碰上的都可能是非同小可的人物。这位漫步走进茶室的物理学家也不例外。此人在 20 世纪中叶曾因证明了量

富德楼（这译名怎一个土字了得？）

子电动力学(Quantum Electrodynamics)的几种形式体系彼此等价，
而获得了很高的声誉，也为他赢得了普林斯顿高等研究院的终生职
位。而这项研究还只不过是他科学生涯中许许多多研究中的一项。
他的研究涉及核物理、凝聚态物理、天体物理，乃至天体生物学等诸
多领域。这位物理学家便是来自英国的戴森（Freeman Dyson，
1923— ）。在20世纪物理殿堂的璀璨群星中戴森当然远不是最杰
出的，但那个午后他和蒙哥马利的世界线在高等研究院的短暂交汇，
却是科学史上一段令人难忘的佳话，对于黎曼猜想的研究来说也是
一个奇峰突起的精彩篇章。

　　乔拉是一位交际高手，他一边和蒙哥马利喝茶聊天，一边仍能眼
观六路、耳听八方。戴森刚一进门就被他发现了，于是他问蒙哥马

利："你见过戴森吗？"蒙哥马利说没有，乔拉就说我给你引见一下。蒙哥马利心想自己做的东西和戴森八竿子都打不着，再说喝完茶就走人了，何必还要特意打扰戴森呢？就说不必了。但乔拉却是一个从来不把"不"字当成答案的家伙，当下二话不说就把蒙哥马利拽到了戴森面前。（谢谢乔拉！）

就这样戴森和蒙哥马利攀谈了起来。遵循着此类谈话的固有模式，年长的戴森问起了年轻的蒙哥马利最近在研究什么，蒙哥马利就把自己对黎曼 ζ 函数非平凡零点分布的研究叙述了一下。戴森礼貌地听着，他对这一领域并不熟悉。连本领域的顶尖高手塞尔伯格都未曾发表具体看法，蒙哥马利也并不指望对一个物理学家的这番泛泛介绍会得到比礼貌地点点头更多的回应。

但当他介绍到自己所猜测的密度函数 $\rho(t)=1-[\sin(\pi t)/\pi t]^2$（详见第 16 章）时，戴森的眼睛猛地睁大了！①

因为这个让蒙哥马利找不到北，甚至连塞尔伯格也看不出端倪来的密度函数对戴森来说却一点也不陌生，那是所谓的随机厄密矩阵（random Hermitian matrix）本征值的对关联函数。物理学家们研

---

① 　与第 74 页注①所提到的情形类似，在《数学文化》2015 年第 1 期刊登的新近采访中，蒙哥马利对戴森听到密度函数的形式时是否"眼睛发亮"也作出了否定回答。不过对这一点我也决定只添加注释而不作改动，因为"眼睛猛地睁大"这一描述是参照 *The Music of the Primes：Searching to Solve the Greatest Mystery in Mathematics* 一书的记述，该书作者索托伊（Marcus du Sautoy）也采访过蒙哥马利，而且那次采访也是在十几年前，以记忆而论当更可靠。（2015 年 4 月注）

究这类东西已经有二十年了！

　　而且戴森本人也早在十年前就系统地研究过随机矩阵理论，是这一领域公认的先驱者之一。即使找遍整个世界，也不可能找到一个比戴森更合适的人来和蒙哥马利共喝那杯下午茶了。他们的相遇本身就是一个幸运的奇迹。①

---

　　① 有意思的是，在与蒙哥马利的这次"茶室邂逅"的同一年年初，戴森刚刚作过一篇题为 *Missed Opportunity*（《错过的机会》）的讲演，叙述了科学史上由于数学家与物理学家之间的交流不够而错失发现的一些事例。

18 随机矩阵理论

身为理论物理学家的戴森如何会研究起随机矩阵理论来的呢？这当然还得从物理学说起。

我们知道，在物理学上可以严格求解的问题是少之又少的。而且物理理论越发展，可以严格求解的问题就越少。举个例子来说，在牛顿万有引力理论中二体问题可以严格求解，但一般的三体问题就不行；①到了广义相对论中连一般的二体问题也解不出了，只有单体问题还可以严格求解；而到了量子场论中更是连单体问题也解不成了（因为根本就不存在单体问题了）。

另一方面，现实物理中的体系却往往既不是单体，也不是二体或三体，而是多体。这"多"字少则十几、几十（比如大一点的原子、分子），多则 10^{23}（千万亿亿）或更多（比如宏观体系）。很明显，对现实物理体系的研究离不开各种各样的近似方法。这其中很重要的一类近似方法就是统计方法，由此形成了物理学的一个重要分支：统计物理（statistical physics）。

在统计物理中，人们不再着眼于对物理体系的微观状态进行细致描述（因为这种细致描述不仅无法做到，而且对于确定体系的宏观行为来说是完全不必要的），取而代之的是"系综"（ensemble）的概念。所谓系综，指的是满足一定宏观约束条件的大量全同体系的集

---

① 这里的"单体"、"二体"、"三体"等指的都是点状分布或可视为点状分布的体系。

合,这些体系的微观状态各不相同,但满足一定的统计分布,而我们感兴趣的体系的宏观状态则由相应的物理量在这些体系上的平均值——即所谓的系综平均值——所给出。

在传统的统计物理中,组成系综的那些全同体系具有相同的哈密顿量(Hamiltonian)①,只有它们的微观状态才是随机的。但随着研究的深入,物理学家们开始接触到一些连这种方法也无法处理的物理体系,其中一个典型的例子就是由大量质子和中子组成的原子核。这种体系的相互作用具备了所有可以想象得到的"坏品质"(比如耦合常数很大,不是二体相互作用,不是有心相互作用等),简直可以说是"五毒俱全"。对于这种体系,我们甚至连它的哈密顿量是什么都无法确定。这样的体系该如何处理呢?很显然还是离不开统计的方法,离不开系综的概念。只不过以前在系综中哈密顿量是已知的,只有各体系的微观状态是随机的,现在却连哈密顿量也不知道了。既然如此,那就"一不做、二不休",干脆把哈密顿量也一并随机化了。由于在量子理论中哈密顿量可以用矩阵来表示,因此这种带有随机哈密顿量的系综可以用随机矩阵理论(random matrix theory)来描述。这一点最早是由美籍匈牙利数学家及物理学家威格纳(Eugene Wigner,1902—1995)于 1955 年提出的。②

当然,把哈密顿量随机化不等于说对哈密顿量的结构就没有任何

① 哈密顿量是决定体系动力学行为的一个很重要的物理量。在量子理论中,体系的能级由哈密顿量的本征值所决定。

② 当然,在随机矩阵本身的提出上,数学家还是要先于物理学家。随机矩阵在数学上最早是在 1928 年由苏格兰统计学家威沙特(John Wishart,1898—1956)提出的。

限制了。20 世纪 60 年代初,与蒙哥马利在茶室里偶遇的这位戴森对随机矩阵理论进行了深入研究,并在 1962 年一连发表了五篇非常漂亮的论文。这些论文在随机矩阵理论的发展史上具有奠基性的作用。在这些论文中,戴森证明了由随机矩阵理论所描述的物理体系可以按照其在时间反演变换 T 的作用下的变换性质,而分为三种类型:

- 如果体系不具有时间反演不变性,则体系的演化算符为幺正矩阵(酉矩阵,unitary matrix)。
- 如果体系具有时间反演不变性,且 $T^2 = I$(I 为单位矩阵),则体系的演化算符为正交矩阵(orthogonal matrix)。
- 如果体系具有时间反演不变性,且 $T^2 = -I$,则体系的演化算符为辛矩阵(symplectic matrix)。

这里戴森用演化算符 U 取代了哈密顿量 H,这两者之间由 $U = \exp(-iHt)$ 相联系。用演化算符的好处是它的参数空间是紧致(compact)的。

除了利用对称性对体系演化算符的结构进行分类外,还有一个需要解决的问题,就是哈密顿量的分布函数。戴森引进的是高斯型分布,这是数学物理中比较常见的一种分布。在这种分布下具有上述三种对称性的系综分别被称为:高斯幺正系综(Gaussian unitary ensemble,GUE)、高斯正交系综(Gaussian orthogonal ensemble,GOE)和高斯辛系综(Gaussian symplectic ensemble,GSE)。

戴森在得知了蒙哥马利的密度函数时猛然想起的"随机厄密矩阵"所描述的正是这三种系综中的一种——高斯幺正系综——的哈

密顿量（因为高斯幺正系综的演化算符是幺正的，所对应的哈密顿量则是厄密的），它的几率测度定义为高斯型分布：

$$P(H)\mathrm{d}H = C\exp\left[-\frac{\mathrm{tr}(H^2)}{2\sigma^2}\right]\mathrm{d}H,$$

其中 C 为归一化常数；H 为体系的哈密顿量；σ 为标准差（通常取为 $2^{-1/2}$）。

有了哈密顿量，接下来要关注的当然就是能级分布。对于一个量子体系来说，能级分布无论在理论还是观测上都是极其重要的性质。这也是随机矩阵理论中物理学家们最感兴趣的东西之一。物理学家所说的能级用数学术语来说就是哈密顿量的本征值（eigen value）。那么随机厄密矩阵的本征值是怎样分布的呢？分析表明，一个 N 阶随机厄密矩阵的本征值的分布密度为

$$P(\lambda_1,\lambda_2,\cdots,\lambda_N) = C\exp\left[-\sum_i \lambda_i^2\right]\prod_{j>k}(\lambda_j-\lambda_k)^2,$$

其中 $\lambda_1,\lambda_2,\cdots,\lambda_N$ 为本征值；C 为归一化常数。

通过对这一分布密度的积分，我们可以计算出随机厄密矩阵本征值的各种关联函数。但是这些关联函数的表观复杂程度与本征值的平均间距有很大关系，因此我们要先对本征值做一点处理，以便简化结果。这一处理所依据的是威格纳曾经证明过的一个结果，那就是当矩阵阶数 $N\to\infty$ 时，N 阶随机厄密矩阵的本征值分布趋近于区间 $[-2(2N)^{1/2},2(2N)^{1/2}]$ 上的半圆状分布，即

$$P(\lambda)\mathrm{d}\lambda = \frac{(8N-\lambda^2)^{1/2}}{4\pi}\mathrm{d}\lambda,$$

其中 $P(\lambda)\mathrm{d}\lambda$ 为区间 $(\lambda,\lambda+\mathrm{d}\lambda)$ 上的本征值个数。这一规律被称为威

格纳半圆律(Wigner semicircle law)。利用这一规律,我们可以对本
征值做一个标度变换,引进

$$\mu = \lambda \frac{(8N - \lambda^2)^{1/2}}{4\pi},$$

可以证明(请读者自己证明),这一变换就像我们在第 16 章中对黎曼
ζ 函数零点虚部所做的处理将零点的平均间距归一化那样,将本征值
的平均间距归一化为了 $\Delta\mu \sim 1$。在这种间距归一化的本征值下,关
联函数的形式变得相对简单,其中对关联函数的计算结果为

$$P_2(\mu_1, \mu_2) = 1 - \left[\frac{\sin(\pi \mid \mu_2 - \mu_1 \mid)}{\pi \mid \mu_2 - \mu_1 \mid} \right]^2 。$$

看到这里,大家想必也和戴森一样看出来了,随机厄密矩阵本征
值的对关联函数正是我们在第 16 章中介绍过的,蒙哥马利所猜测的
黎曼 ζ 函数非平凡零点的对关联函数! 当然,那时候蒙哥马利用的
不是像"对关联函数"这样摩登的术语,事实上"对关联函数"这一术
语蒙哥马利在与戴森交谈前连听都没听说过,他自己用的是像"我正
在研究零点间距"那样土得掉渣的"白话文"。

有些读者可能会提出这样一个问题,那就是哈密顿量的分布为什
么要选择成高斯型分布? 对于这个问题,实用主义的回答是:高斯型
分布是数学上比较容易处理的(不要小看这样的理由,当问题复杂到一
定程度时,这种理由有时候是最具有压倒性的);稍为深刻一点的回答
则是:高斯型分布在固定的 $\mid H \mid^2$ 系综平均值及标准差下具有最大的
熵,换句话说它所描述的是在一定的约束之下具有最大随机性的体系;
但最深刻的回答却是:我们其实并不需要特意选择高斯型分布! 随机

矩阵理论的一个非常引人注目的特点便是：在矩阵阶数 $N\to\infty$ 的极限下它的本征值分布具有普适性（即不依赖于哈密顿量的特定分布）。正是这种普适性使得随机矩阵理论在从复杂量子体系的能级分布到无序介质中的波动现象，从神经网络系统到量子混沌，从 $N_C\to\infty$ 的 QCD 到二维量子引力的极为广阔的领域中都得到了应用。

但即便把随机矩阵理论在所有这些不同尺度、不同维度、不同领域中的应用加在一起，似乎也不如它与黎曼 ζ 函数非平凡零点分布之间的关联来得神奇。蒙哥马利曾经为不知道自己的结果预示着什么而苦恼，现在他知道了那样的结果也出现在由随机矩阵理论所描述的一系列物理现象之中。

但这是解惑吗？这与其说是解惑，不如说是一种更大的困惑。像黎曼 ζ 函数非平凡零点分布这样最纯粹的数学性质，怎么会与像复杂量子体系、无序介质、神经网络之类的最现实的物理现象扯上关系呢？这种神奇的关联本身又预示着什么呢？

19　蒙哥马利-欧德里兹科定律

　　蒙哥马利关于黎曼ζ函数非平凡零点分布的论文于 1973 年发表在了美国数学学会的系列出版物《纯数学专题讨论文集》(*Proc. Symp. Pure Math.*)上。但最初几年里它并没有吸引多少眼球,因为这种存在于零点分布与随机矩阵理论之间的关联无论有多么奇妙,在当时都还只是一个纯粹的猜测,既没有严格的数学证明,也没有直接的数值证据。我们在第 13、14 两章中曾经介绍过对黎曼ζ函数非平凡零点进行大规模计算的部分历史。在蒙哥马利的论文发表之初,人们对零点的计算还只进行到几百万个,而且——如我们在第 15 章中所说——那些计算大都只是验证了"前 N 个零点"位于临界线上,却不曾涉及零点的具体数值。既然没有具体数值,自然也就无法用来检验蒙哥马利的对关联假设了。更何况——如我们在第 16 章中所说——为了检验后者,我们需要研究虚部很大的零点,这显然也是当时的计算所远远不能触及的。因此当时就连蒙哥马利自己也觉得对他的猜测进行数值验证将是极为遥远的将来的事情。

　　但是蒙哥马利和我们在第 14 章中提到过的那位输掉了葡萄酒的查基尔一样大大低估了计算机领域的发展速度。

　　在蒙哥马利的论文发表五年之后的某一天,他又来到了普林斯顿。不过这次不是为了觐见塞尔伯格,而是来做一个有关黎曼ζ函数零点分布的演讲。在那次演讲的听众中有一位来自 32 英里外的贝尔实验室(Bell Labs)的年轻人,他被蒙哥马利所讲述的零点分布与随机矩阵理论间的关联深深地吸引住了。这位年轻人所在的实验室恰好拥有当时著名的克雷巨型计算机。这位年轻人就是我们在第16章中提到的欧德里兹科。

　　普林斯顿真是蒙哥马利的福地，五年前与戴森在这里的相遇，使他了解到了零点分布与随机矩阵理论之间的神秘关联，从而为他的研究注入了一种奇异的魅力。五年后又是在这里，这种奇异的魅力打动了欧德里兹科，从而有了我们在第16章中介绍过的欧德里兹科对黎曼 ζ 函数非平凡零点的大规模计算分析。这些计算为蒙哥马利所猜测的零点分布与随机矩阵理论间的关联提供了大量的数值证据。[①]这种关联，即经过适当的归一化之后的黎曼 ζ 函数非平凡零点的间距分布与高斯幺正系综（参阅第18章）的本征值间距分布相同，也因此渐渐地被人们称为蒙哥马利-欧德里兹科定律（Montgomery-Odlyzko Law）[②]。

　　蒙哥马利-欧德里兹科定律虽然是用高斯幺正系综来表述的，但我们在第18章中曾经提到过，随机矩阵理论的本征值分布在矩阵阶数 $N \to \infty$ 时具有普适性。因此蒙哥马利-欧德里兹科定律所给出的关联并不限于高斯幺正系综。不仅如此，这种本征值分布的普适性还有一层含义，那就是它不仅在各种系综下都相同，而且对系综中任何一个典型的系统——任何一个典型的随机厄密矩阵——都相同。

───────────

　　①　这种数值证据之一便是我们在第16章中给出的关于蒙哥马利零点对关联函数的拟合曲线。
　　②　这"定律"二字通常在物理学中用得比在数学中多，它很贴切地表达了这一命题虽有大量的数值证据，却缺乏数学意义上的严格证明这一特点。

换句话说,我们不仅不需要指定系综的分布函数,甚至连系综本身都不需要,只要随便取出一个随机厄密矩阵就可以了。因此蒙哥马利-欧德里兹科定律实际上意味着黎曼 ζ 函数非平凡零点的分布可以用任何一个典型随机厄密矩阵的本征值分布来描述。①

蒙哥马利当初的研究——如我们在第 16 章中介绍的——只涉及零点分布的对关联函数。在他之后,人们对零点分布的高阶关联函数也作了研究。1996 年,鲁德尼克(Z. Rudnick)与萨纳克(P. Sarnak)及波戈莫尼(E. B. Bogomolny)与基廷(J. P. Keating)分别"证明"了零点分布的高阶关联函数也与相应的随机厄密矩阵的本征值关联函数相同。美中不足的是,我们不得不对这种"证明"加上引号,因为它们和蒙哥马利的研究一样,并不是真正严格的证明,它们或是引进了额外的限制条件(如鲁德尼克与萨纳克的研究),或是运用了本身尚未得到证明的黎曼猜想及强孪生素数猜想(如波戈莫尼与基廷的研究)。

但即便如此,所有这些理论及计算的结果还是非常清楚地显示出黎曼 ζ 函数非平凡零点的分布与随机厄密矩阵的本征值分布——从而与由随机厄密矩阵理论所描述的一系列复杂物理体系的性质——之间的确存在着令人瞩目的关联。蒙哥马利-欧德里兹科定律在"经验"意义上的成立几乎已是一个毋庸置疑的事实。

①　当然,别忘了 $N \to \infty$ 这一条件。

20 希尔伯特-波利亚猜想

那么在黎曼 ζ 函数非平凡零点这样的纯数学客体与由随机矩阵理论所描述的纯物理现象之间为什么会出现像蒙哥马利-欧德里兹科定律那样的关联呢？很遗憾，这是一个我们至今也未能完全理解的谜团。不过有意思的是，虽然在与蒙哥马利论文的发表已相隔几十年的今天我们仍未能彻底理解蒙哥马利-欧德里兹科定律的本质，可是远在蒙哥马利的论文发表之前六十余年前的 20 世纪一二十年代，数学界就曾经流传过一个与蒙哥马利-欧德里兹科定律极有渊源的猜想，这个猜想也是用两个人的名字命名的，叫做希尔伯特-波利亚猜想(Hilbert-Pólya conjecture)。它的内容是这样的：

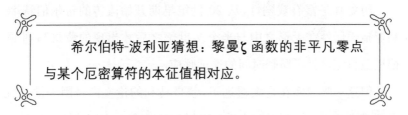

> 希尔伯特-波利亚猜想：黎曼 ζ 函数的非平凡零点与某个厄密算符的本征值相对应。

当然，确切地讲，希尔伯特-波利亚猜想指的是：如果把黎曼 ζ 函数的非平凡零点写成 $\rho = 1/2 + it$ 的形式，则那些 t 与某个厄密算符的本征值一一对应[①]。我们知道，厄密算符的本征值全都是实数。因此如果那些 t 与某个厄密算符的本征值相对应，则它们必定全都

---

① 自第 11 章中引进 $s = 1/2 + it$ 以来，当我们提到黎曼 ζ 函数的非平凡零点时，实际指的往往是零点虚部的大小 t，这一点读者应该能很容易地从上下文中判断出来。

是实数,从而意味着所有非平凡零点 $\rho=1/2+it$ 的实部都等于 $1/2$,这正是黎曼猜想的内容。因此如果希尔伯特-波利亚猜想成立,则黎曼猜想也必定成立。

我们在第 19 章中提到,蒙哥马利-欧德里兹科定律表明黎曼 ζ 函数非平凡零点的分布可以用任何一个典型随机厄密矩阵的本征值分布来描述。这种描述虽然奇妙,终究只是统计意义上的描述。但如果希尔伯特-波利亚猜想成立,则黎曼 ζ 函数的非平凡零点干脆就直接与某个厄密矩阵的本征值一一对应了。这是严格意义上的对应,有了这种对应,统计意义上的对应自然就不在话下。因此希尔伯特-波利亚猜想虽然比蒙哥马利-欧德里兹科定律早了六十余年,却是一个比蒙哥马利-欧德里兹科定律更强的命题!

历史真是富有戏剧性,从 20 世纪早期开始流传的希尔伯特-波利亚猜想居然在无形之中与半个多世纪之后才出现的蒙哥马利-欧德里兹科定律做了跨越时间的遥远呼应。

但这一呼应实在是太遥远了,蒙哥马利的论文尚且因为缺乏证据而遭到冷场,希尔伯特-波利亚猜想自然就更无人问津了。这种冷落是如此彻底,以至于当蒙哥马利的论文及后续研究重新燃起人们对希尔伯特-波利亚猜想的兴趣,并开始追溯它的起源时,大家惊讶地发现不仅希尔伯特和波利亚(George Pólya,1887—1985)两人不曾在人们找寻得到的任何发表物或手稿之中留下过一丝一毫有关希尔伯特-波利亚猜想的内容,而且在蒙哥马利之前所有其他人的文字之中竟然也找不到任何与这一猜想有关的叙述。一个隐约流传了大半个世纪的数学猜想竟似乎没有落下过半点文字记录，却一直流传了下来，真是一个奇迹！

但欧德里兹科执著地想要探寻这一奇迹的起点。那时候希尔伯特早已去世，波利亚却还健在。1981 年 12 月 8 日，欧德里兹科给波利亚发去了一封信，询问希尔伯特-波利亚猜想的来龙去脉。当时波利亚已是九十四岁的高龄，卧病在床，基本不能再执笔回复信件了，但欧德里兹科的信却很及时地得到了他的亲笔回复。毕竟，对一位数学家来说，自己的名字能够与伟大的希尔伯特出现在同一个猜想中是一种巨大的荣耀。波利亚在回信中这样写道：①

很感谢你 12 月 8 日的来信。我只能叙述一下自己的经历。

1914 年年初之前的两年里我在哥廷根。我打算向兰道学习解析数论。有一天他问我："你学过一些物理，你知道任何物理上的原因使黎曼猜想必须成立吗？"我回答说："如果 ξ 函数的非平凡零点与某个物理问题存在这样一种关联，使得黎曼猜想等价于该物理问题中所有本征值都是实数这一事实，那么黎曼猜想就必须成立。"

三年后(1985 年)波利亚也离开了人世，他给欧德里兹科的这封回信便成了迄今所知有关希尔伯特-波利亚猜想的唯一文字记录。至于早已去世的希尔伯特在什么场合下提出过类似的想法，则也许将成为数学史上一个永远的谜团了。

---

① 波利亚提到的 ξ 函数应该是指我们在第 5 章的注释中提到的黎曼本人所定义的 ξ 函数。黎曼猜想等价于那个 ξ 函数的零点为实数。

21 黎曼体系何处觅

如上所述,假如希尔伯特-波利亚猜想成立,则黎曼 ζ 函数的非平凡零点将与某个厄密算符的本征值一一对应。我们知道厄密算符可以用来表示量子力学体系的哈密顿量,而厄密算符的本征值则对应于该量子力学体系的能级。因此如果希尔伯特-波利亚猜想成立,则黎曼 ζ 函数的非平凡零点有可能对应于某个量子力学体系的能级,非平凡零点的全体则对应于该量子力学体系的能谱。我们把这一特殊的量子力学体系称为黎曼体系,把这一体系的哈密顿量称为黎曼算符。①

那么这个神秘的黎曼体系——如果存在的话——会是一个什么样的量子力学体系呢?

这个问题的答案目前当然还不存在。不过,有关这个问题目前所知道的最重要的线索显然是来自蒙哥马利-欧德里兹科定律。由于蒙哥马利-欧德里兹科定律表明黎曼 ζ 函数的非平凡零点分布与随机厄密矩阵的本征值分布相同,因此我们不难猜测,黎曼算符应该是一个特殊的随机厄密矩阵。那么由这个特殊的随机厄密矩阵所描

---

① 严格讲,量子力学中所有的可观测量都是由厄密算符表示的,哈密顿量只是其中之一。不仅如此,由厄密算符的本征值所描述的物理量甚至并不限于量子力学中的物理量。从波利亚给欧德里兹科的信中也可以看到,波利亚当年并没有对与黎曼 ζ 函数非平凡零点相对应的"物理问题"做具体的猜测。因此从希尔伯特-波利亚猜想到黎曼体系是后人所做的进一步猜测。之所以做这种进一步猜测,除了哈密顿量对物理体系所具有的重要性外,或许也是因为随机矩阵理论最初是在研究原子核能级时被引入物理学中的。另一方面,量子体系的能级是自然界中含义最为深刻的离散现象之一,而且与零点分布一样都是有下界的,这或许也是人们把注意力集中到这一方向上的原因之一。

述的量子力学体系会具有什么特点呢？这个问题自 20 世纪 70 年代末以来有许多人研究过。1983 年，法国核物理研究所（Institutde Physique Nucléaire）的博希格斯（O. Bohigas）、吉安诺尼（M. J. Giannoni）和斯密特（C. Schmit）等人提出了一个猜想，即由随机厄密矩阵所描述的量子体系在经典极限下对应于经典混沌体系。这一猜想被称为博希格斯-吉安诺尼-斯密特猜想（BGS, conjecture），[①]它获得了一些数值计算的支持（比如对一些以经典混沌体系为极限的特定量子体系的能级计算得出了与这一猜想相容的结果），但迄今尚未得到严格证明。不过虽然尚未证明，但从物理角度上讲，这一猜想具有一定的合理性，因为与经典混沌体系相对应的量子体系的波函数会在一定程度上秉承经典轨迹的混沌性，从而使得哈密顿量的矩阵元呈现出随机性，这正是随机厄密矩阵的特点。

由此看来，黎曼体系很可能是一个与经典混沌体系相对应的量子体系。那么，这个作为黎曼体系经典近似的经典混沌体系又具有什么样的特征呢？这个问题人们也做过一些研究。由于我们所知道的有关黎曼体系最明确的信息是这一体系的能谱——因为它与黎曼 ζ 函数的非平凡零点相对应。因此研究黎曼体系的特征显然要从能谱入手。描述量子体系能谱的一个很有用的工具是所谓的能级密度函数：

$$\rho(E) = \sum_n \delta(E - E_n)。$$

---

① 博希格斯-吉安诺尼-斯密特猜想的原始表述针对的是高斯正交系综。

这里的 $\delta(E-E_n)$ 是所谓的狄拉克 δ 函数,求和对所有能级进行。

早在 20 世纪 60 年代末和 70 年代初,出生于瑞士、一度跟随著名物理学家泡利(Wolfgang Pauli,1900—1958)学习过量子力学的物理学家戈兹维拉(Martin Gutzwiller,1925—)就对这一能级密度函数的经典极限进行了研究,并得到了一个我们现在称为戈兹维拉求迹公式(Gutzwiller trace formula)的结果。在对应的经典体系具有混沌性的情形下,戈兹维拉求迹公式为

$$\rho(E) = \bar{\rho}(E) + 2\sum_p \sum_k A_{p,k} \cos\left(\frac{2\pi k S_p}{h} + \alpha_p\right),$$

这里的 h 为普朗克常数;$\bar{\rho}(E)$ 是一个平均密度。我们感兴趣的是第二项,它包含了一个对经典极限下所有闭合轨道 p 以及沿闭合轨道的绕转数 k(k 为正整数)的双重求和。求和式中的 S_p 是闭合轨道 p 的作用量,α_p 是一个相位,称为马斯洛夫相位(Maslov phase)或马斯洛夫指标(Maslov index)。而 $A_{p,k}$ 与闭合轨道的性质有关,可以表示为

$$A_{p,k} = \frac{T_p}{h\left[\det(\boldsymbol{M}_p^k - \boldsymbol{I})\right]^{1/2}},$$

其中 T_p 是闭合轨道 p 的周期;$\boldsymbol{M}_p$ 则是描述闭合轨道 p 的稳定性的一个单值矩阵(monodromy matrix)。

另一方面,我们也可以定义一个与量子体系的能级密度函数完全类似的黎曼 ζ 函数非平凡零点的密度函数:

$$\rho(E) = \sum_n \delta(t - t_n),$$

并利用黎曼 ζ 函数的性质对这一密度函数进行计算。

1985 年,英国数学物理学家贝利(Michael Berry,1941—)给出了这一计算的结果:

$$\rho(E) = \bar{\rho}(E) - 2\sum_p \sum_k \frac{\ln(p)}{2\pi}\exp\left[-\frac{k\ln(p)}{2}\right]\cos[kt\ln(p)]。$$

这个公式看似寻常,却包含了一个非常值得注意的特点,那就是:其中的 k 虽然是正整数,p 却受到更大的限制。事实上,这个公式中的 p 是素数而非一般的正整数! 将这个结果与前面有关量子体系能级密度的计算相比较,我们发现为了使两者一致,必须有:

$$\alpha_p = \pi,$$
$$T_p = \ln(p),$$
$$S_p = \frac{ht}{2\pi}T_p,$$
$$A_{p,k} = \frac{T_p}{2\pi\exp(kT_p/2)}。$$

这其中最简洁而漂亮的关系式就是 $T_p = \ln(p)$,它表明与黎曼体系相对应的经典体系具有周期等于素数对数 $\ln(p)$ 的闭合轨道! 这无疑是这一体系最奇异的特征之一。

研究黎曼体系的努力仍在继续着,在一些数学物理学家的心目中,它甚至已经成为一种证明黎曼猜想的新的努力方向,即所谓的物理证明。[①] 会不会有一天人们在宇宙的某个角落里发现一个奇特的物理体系,它的经典基本周期恰好是 $\ln 2, \ln 3, \ln 5, \cdots$? 或者它的量

---

① 数学家们则称这种方法为"谱方法"(spectral approach),因为它的要点是寻找一个本征值的全体——谱——与黎曼 ζ 函数非平凡零点相对应的厄密算符。

子能谱恰好包含 14. 134 725 1,21. 022 039 6,25. 010 857 5,…(读者们应该还记得这些是什么数吧)？我们不知道。也许并不存在这样的体系,但如果存在的话,它无疑是大自然最美丽的奇迹之一。只要想到像素数和黎曼 ζ 函数非平凡零点这样纯粹的数学元素竟有可能出现在物理的天空里,变成优美的轨道和绚丽的光谱线,我们就不能不惊叹于数学与物理的神奇,惊叹于大自然的无穷造化。而这一切,正是科学的伟大魅力所在。

22 玻尔-兰道定理

在我们这黎曼猜想之旅的前面各章中,已先后介绍了黎曼 ζ 函数的定义及其零点(尤其是非平凡零点),非平凡零点与素数分布之间的关联,以及非平凡零点的计算(包括对其是否符合黎曼猜想的验证,以及数值计算)。沿着零点计算这一线索,我们介绍了人们对零点分布的统计研究,以及由此而发现的零点分布与物理之间出人意料的关联。这无疑是整个旅程中最令人惊叹的风景——事实上,我之所以萌生出写作本书的念头,这段风景乃是主要原因之一,因此,可以说正是这段风景使得我们的整个旅程成为可能。

看过了这段风景,现在让我们重新回到纯数学的领地中来。从纯数学的角度讲,对一个数学猜想最直接的研究莫过于寻求它的证明(或否证),对黎曼猜想也是如此。可惜的是,黎曼猜想却一直顽固地抗拒着这种研究,直到今天为止,也还没有任何人能在这种研究上取得被数学界公认的成功。因此,我们所能介绍的只是数学家们试图逼近黎曼猜想——或者说逼近临界线——的过程。

读者们想必还记得,在前面各章中,我们曾经介绍过两个具有普遍意义的零点分布结果:一个是第 5 章中提到的黎曼 ζ 函数的所有非平凡零点都位于复平面上 $0 \leqslant \mathrm{Re}(s) \leqslant 1$ 的区域内。这是欧拉乘积公式的一个简单推论(参阅附录 A);另一个则是第 7 章中提到的黎曼 ζ 函数的所有非平凡零点都位于复平面上 $0 < \mathrm{Re}(s) < 1$ 的区域(即临界带)内。这是在证明素数定理的过程中由阿达马与普森所证

明的,比前一个结果略进了一步,时间则是 1896 年。这两个结果与黎曼猜想虽然还相距很远,但它们是普遍而严格的结果,适用于所有的非平凡零点,在这点上它们远远胜过了有关零点的所有数值计算。

令人欣喜的是,在阿达马与普森之后"仅仅"过了十八个年头,即 1914 年,数学家们在对黎曼 ζ 函数零点分布的研究上就又取得了两个重大进展。[①] 取得这两个重大进展的数学家正是我们在旅程伊始提到过的哈代、玻尔和兰道。在本章中我们先来介绍玻尔与兰道的工作,即玻尔-兰道定理。

但在介绍玻尔-兰道定理之前,让我们先对零点分布的基本对称性做一个简单分析。我们在第 8 章的注释中曾经提到,黎曼 ζ 函数在上半复平面与下半复平面的非平凡零点是一一对应的。具体地讲,这种一一对应是通过以 $s=1/2$(即实轴与临界线的交汇点)为原点的反演对称性实现的。这种对应性可以由零点与黎曼 ζ 函数非平凡零点相重合的辅助函数 $\xi(s)$ 所满足的关系式 $\xi(s)=\xi(1-s)$(参阅第 5 章)看出来。除了这一反演对称性外,黎曼 ζ 函数的非平凡零点分布还满足一个对称性,那就是关于实轴的反射对称性。这是由于

---

① 当然,在 1914 年之前也曾有过一些值得一提的结果,比较著名的一个是芬兰数学家林德勒夫(Ernst Lindelöf, 1870—1946)于 1908 年提出的有关虚部 t 趋于无穷时 $|\zeta(\sigma+it)|$ 渐近行为的猜想,即所谓的林德勒夫猜想(Lindelöf hypothesis)。1918 年,林德勒夫的学生贝可隆(Ralf Josef Backlund, 1888—1949)证明了林德勒夫猜想等价于这样一个命题,即黎曼 ζ 函数在复平面上 $\{1/2<\sigma<\text{Re}(s)\leqslant 1, T\leqslant t\leqslant T+1\}$ 的非平凡零点的数目为 $N(\sigma, T)=o(\ln T)$。读者们可以对比第 5 章中黎曼三个命题中的第一个来思考一下这一猜想的含义。不过林德勒夫猜想虽然远比黎曼猜想弱,其证明却出乎意料地困难,直到今天也还只是一个猜想(1998 年曾有人提出过一个长达 89 页的证明,但后来被发现是错误的),因此我们只在这里简略地提一下。

$\xi(s)$除满足 $\xi(s)=\xi(1-s)$ 外,还满足一个关系式:$\overline{\xi(s)}=\xi(\bar{s})$(请读者自行证明)。由这两个对称性可以推知黎曼 ζ 函数非平凡零点的分布相对于临界线也具有反射对称性。这些对称性的存在表明,要研究零点的分布,只需研究临界带的四分之一,即 $\{\text{Re}(s)\geqslant 1/2, \text{Im}(s)\geqslant 0\}$ 的区域就行了。我们以前介绍过的零点计算就是针对这一区域的,下面要介绍的玻尔-兰道定理的表述也是如此。

玻尔与兰道所证明的是这样一个定理:[①]

> **玻尔-兰道定理**:如果 $|\zeta(s)|^2$ 在直线 $\text{Re}(s)=\sigma$ 上的平均值对 $\sigma>1/2$ 有界,且对 $\sigma\geqslant\sigma_0>1/2$ 一致有界,则对于任何 $\delta>0$,位于 $\text{Re}(s)\geqslant 1/2+\delta$ 的非平凡零点在全部非平凡零点中所占比例为无穷小。

在进一步讨论这一定理之前,我们先来解释或定义一下该定理所涉及的一些术语的含义。首先解释一下什么叫做"$|\zeta(s)|^2$ 在直线 $\text{Re}(s)=\sigma$ 上的平均值"。这个平均值是由

$$\lim_{T\to\infty}\frac{1}{T-1}\int_1^T |\zeta(\sigma+\text{i}t)|^2\text{d}t$$

来定义的。这个定义与函数平均值的普遍定义——函数在区间上的积分除以区间的长度——是完全一致的。只不过由于 $\text{Re}(s)=\sigma$

---

① 这里我们所用的表述和玻尔与兰道所用的略有差异。他们的表述是针对 $(1-2^{1-s})\zeta(s)$ 的平均值而给出的。

的长度无限,因此在定义中涉及一个极限。此外,由于我们真正关心的是 t 很大的区域,因此积分下限的选择并不重要,为了避免 $\zeta(s)$ 在 $s=1$ 处的极点对定理的表述造成不必要的麻烦,我们选了一个非零的积分下限。

其次,什么叫做 $|\zeta(s)|^2$ 在直线 $\mathrm{Re}(s)=\sigma$ 上的平均值"对 $\sigma>1/2$ 有界,且对 $\sigma\geqslant\sigma_0>1/2$ 一致有界"?"对 $\sigma>1/2$ 有界"很简单,就是说对任何 $\sigma>1/2$,存在常数 T_0 及 C 使得

$$\frac{1}{T-1}\int_1^T |\zeta(\sigma+\mathrm{i}t)|^2\mathrm{d}t < C$$

对所有 $T>T_0$ 成立。而"对 $\sigma\geqslant\sigma_0>1/2$ 一致有界"则是说对任何 $\sigma_0>1/2$,存在与 σ 无关的常数 T_0 及 C,使得上式对所有 $\sigma\geqslant\sigma_0$ 及 $T>T_0$ 都成立。

最后,"$\mathrm{Re}(s)\geqslant1/2+\delta$ 的非平凡零点在全部非平凡零点中所占比例为无穷小"指的是位于 $\{\mathrm{Re}(s)\geqslant1/2+\delta, 0\leqslant t\leqslant T\}$ 的非平凡零点的数目与位于 $\{\mathrm{Re}(s)\geqslant1/2, 0\leqslant t\leqslant T\}$ 的非平凡零点(即所考虑的临界带四分之一区域内 $0\leqslant t\leqslant T$ 的全部非平凡零点)的数目之比在 $T\to\infty$ 时趋于零。①

做了这些解释或定义,我们就对玻尔-兰道定理的字面含义有了

---

① 玻尔与兰道实际证明的结果比这更具体,他们证明了对于任何 $\delta>0$,位于 $\{\mathrm{Re}(s)\geqslant1/2+\delta, 0\leqslant t\leqslant T\}$ 的非平凡零点的渐近数目不超过 KT(从而所占比例为无穷小——请读者思考一下这是为什么?)。另外顺便提一下:t,也就是 $\mathrm{Im}(s)$ 的区间选取在文献中略有出入,有时用 $0\leqslant t\leqslant T$,有时用 $0<t<T$。对于我们所关心的渐近行为而言,两者并无实质差别。

一些了解。它实质上是在 $|\zeta(s)|^2$ 的平均值与 $\zeta(s)$ 的零点分布之间建立了一种联系。这种存在于复变函数的模与零点之间的关联并不鲜见,1899 年,丹麦数学家詹森(Johan Jensen,1859—1925)提出的詹森公式(Jensen's formula)及其推广泊松-詹森公式(Poisson-Jensen formula)就是一例,它把一个亚纯函数在一个圆域内的零点和极点与函数的模在圆域边界上的性质联系在了一起。这一公式也正是玻尔与兰道在证明他们的定理时所用到的主要公式。

很明显,我们感兴趣的是玻尔-兰道定理中有关非平凡零点分布的叙述,即"对于任何 $\delta>0$,位于 $\mathrm{Re}(s)\geqslant 1/2+\delta$ 的非平凡零点在全部非平凡零点中所占比例为无穷小"。但是这一叙述是否成立还有赖于玻尔-兰道定理的前提,即"$|\zeta(s)|^2$ 在直线 $\mathrm{Re}(s)=\sigma$ 上的平均值对 $\sigma>1/2$ 有界,且对 $\sigma\geqslant\sigma_0>1/2$ 一致有界"的成立与否。

幸运的是,这一前提可以证明是成立的。为了看到这一点,我们来分析一个比较简单的情形,即 $\sigma\geqslant\sigma_0>1$ 的情形。用我们在上文提到的关系式 $\overline{\xi(s)}=\xi(\bar{s})$,及 $\sigma>1$ 时 $\zeta(\sigma+it)$ 的级数展开式 $\sum\limits_n n^{-\sigma-it}$ 可得

$$|\zeta(\sigma+it)|^2 = \zeta(\sigma+it)\zeta(\sigma-it) = \sum_n\sum_m n^{-\sigma-it}m^{-\sigma+it}.$$

另一方面,由于 $\sigma\geqslant\sigma_0>1$ 时 $\zeta(s)$ 在 $s=1$ 处的极点对计算没有影响,因此我们可以将 $|\zeta(\sigma+it)|^2$ 的平均值定义中的积分下限取为 $-T$(相应地将 $1/(T-1)$ 改为 $1/2T$)以利于计算积分(这里再次用到了 $\overline{\xi(s)}=\xi(\bar{s})$)。将上面有关 $|\zeta(\sigma+it)|^2$ 双重求和表达式代入平均值的定义,并先交换积分与求和的顺序,再交换求和与极限 $T\to\infty$ 的顺

序(请读者自行证明这样做的合理性),可以发现只有 $m=n$ 的项才对结果有贡献,而它们的贡献一致收敛于 $\sum_n n^{-2\sigma} = \zeta(2\sigma)$(也请读者自行证明)。这表明对所有 $\sigma \geqslant \sigma_0 > 1$,玻尔-兰道定理中的前提都是成立的。

当然,这样的简单证明不适用于 $\sigma \leqslant 1$ 的情形(因为 $\zeta(\sigma+it)$ 的级数展开式不再适用),但我们可以注意到证明结果中的 $\zeta(2\sigma)$ 对所有 $\sigma > 1/2$ 都有意义。因此读者们也许会猜测到这一结果的适用范围可以由 $\sigma \geqslant \sigma_0 > 1$ 拓展到 $\sigma \geqslant \sigma_0 > 1/2$。事实也正是如此。可以证明,对于任何 $\sigma_0 > 1/2$ 及 $\varepsilon > 0$,存在与 σ 无关的常数 T_0,使得

$$\left| \frac{1}{T-1} \int_1^T |\zeta(\sigma+it)|^2 dt - \zeta(2\sigma) \right| < \varepsilon$$

对所有 $\sigma \geqslant \sigma_0$ 及 $T > T_0$ 都成立。这一结果显然表明(请读者自行证明)玻尔-兰道定理中的前提是成立的。这一点在玻尔-兰道定理之前就已经被证明,并出现在 1909 年出版的兰道的名著《素数分布理论手册》(*Handbuch der Lehre von der Verteilung der Primzahlen*)之中。

既然前提成立,那么玻尔-兰道定理的结论也就成立了。这样我们就得到了继阿达马与普森之后又一个有关黎曼 ζ 函数非平凡零点分布的重要结果:对于任何 $\delta > 0$,位于 $\mathrm{Re}(s) \geqslant 1/2 + \delta$ 的非平凡零点在全部非平凡零点中所占比例为无穷小。或者换句话说,在包含临界线的无论多小的带状区域内都包含了几乎所有的非平凡零点。

看到这里,有些读者也许会问:既然包含临界线的"无论多小"

的带状区域都包含了几乎所有的非平凡零点,那么通过将这个带状区域无限逼近临界线,我们是不是就可以把那些零点"逼"到临界线上,从而证明几乎所有的非平凡零点都落在临界线上呢？很遗憾,我们不能。事实上单单从玻尔-兰道定理所给出的描述中,我们不仅无法证明几乎所有的非平凡零点都落在临界线上,甚至无法证明哪怕有一个零点落在临界线上！零点的分布完全有可能满足玻尔-兰道定理所给出的描述,却没有一个真正落在临界线上(请读者想一想这是为什么)。这是数学中与无穷有关的无数微妙细节中的一个。

但尽管如此,玻尔-兰道定理对非平凡零点分布的描述比十八年前阿达马与普森所证明的结果还是要强得多。它虽然没能直接证明临界线上有任何零点(阿达马与普森的结果也同样不能证明这一点),但它非常清楚地显示出了临界线在非平凡零点分布中的独特地位,即它起码是黎曼 ζ 函数非平凡零点的汇聚中心。这是一个沉稳而扎实的进展,数学家们正在一步步地逼近着临界线。

23   哈代定理

就在玻尔与兰道研究零点分布的同时,另一位为黎曼猜想而着迷的数学家——哈代——也没闲着。1914 年,即与玻尔-兰道定理的提出同一年,哈代对黎曼猜想的研究也取得了突破性的结果。这便是我们在第 1 章中提到过的那个"令欧洲大陆数学界为之震动的成就"。在黎曼猜想的研究中,这一结果被称为哈代定理。①

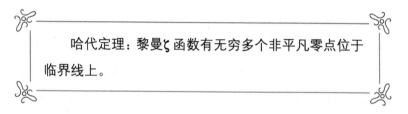

哈代定理:黎曼ζ函数有无穷多个非平凡零点位于临界线上。

我们知道(详见第 22 章),无论阿达马、普森,还是玻尔、兰道,在哈代之前人们所做的有关黎曼猜想的所有解析研究,都没能证明黎曼ζ函数的哪怕一个非平凡零点落在临界线上。那时人们所知的有关临界线上的零点的全部结果只有我们在第 8 章中提到过的 1903 年格拉姆给出的 15 个零点以及 1914 年(与哈代定理的提出同一年)贝可隆计算出的 79 个零点。全部都是零星计算,且涉及的零点数目少得可怜。而忽然间,来自英伦岛上的哈代居然不动声色地一举把临界线上的零点数目扩大到了无穷,不仅远远超过贝可隆的区区 79

---

① 哈代一生对数学有着诸多贡献,"哈代定理"这一名称有时也被用来表示复变函数论中的一个定理,为避免歧义,我们在这里添加了"在黎曼猜想的研究中"这一限定。

个零点,也永久性地超过了后世所能给出的任何具体的数值计算结果。因为无论用多么高明的计算方法,无论用多么强大的计算设备,也无论用多么漫长的计算时间,任何具体的数值计算所能验证的零点数目都是有限的,而无论多么大的有限数目相对于无穷来说都只是一个"零"。因此哈代定理虽然没有给出临界线上任何一个具体零点的数值,但它通过对这些零点的存在性证明,为黎曼猜想提供了强有力的支持,并且超越了任何可能的具体数值计算。①

这样的一个结果出现在人们对黎曼 ζ 函数的非平凡零点还知之甚少的 1914 年,而且还出现在与欧洲大陆数学界颇为疏离的英国,不能不令欧洲大陆的数学家们感到震动。

哈代定理的证明可以从一个有关 $\xi(s)$ 的积分表达式:

$$\frac{2\xi(s)}{s(s-1)} = \int_0^\infty \Big[G(x) - 1 - \frac{1}{x}\Big]x^{-s}\mathrm{d}x$$

入手。这里 s 的取值满足 $0 < \mathrm{Re}(s) < 1$,被积表达式中的函数 $G(x)$ 则定义为

$$G(x) = \sum_{n=-\infty}^{\infty} \mathrm{e}^{-\pi n^2 x^2}$$

---

① 在历史上,这种存在性证明由于其非构造性的特征,曾被以荷兰数学家布劳威尔(L. E. J. Brouwer,1881—1966)、德国数学家外尔(Hermann Weyl,1885—1955)、荷兰数学家海廷(Arend Heyting,1898—1980)等人为代表的数学哲学"三大流派"之一的直觉主义(Intuitionism)所排斥。但是存在性证明是数学中极其重要的方法,在很大程度上体现了逻辑与推理的力量,就像一个高明的侦探无需跑到罪犯家中将之拿下就可以推断出谁是凶手一样。直觉主义因排斥这种非构造性的方法而抛弃的东西实在太多,最后就连其代表人物之一的外尔也不得不承认,在直觉主义中"数学家们痛苦地看着数学大厦中自己深信基础坚实的许多部分在他们的眼前化为了迷雾"。

我们在第 5 章中介绍过，$\xi(s)$ 的零点与黎曼 ζ 函数的非平凡零点相重合，并且 $\xi(s)$ 是一个整函数，性质比黎曼 ζ 函数来得简单，从而在黎曼猜想的研究中是一个十分重要的辅助函数。证明哈代定理的基本思路便是设法从前式中找出与 $\xi(s)$ 在临界线上的零点分布有关的约束条件来。为此，第一步是从前式中解出 $G(x)-1-1/x$。这与我们在第 4 章中介绍过的从 $\ln\zeta(s)$ 与 $J(x)$ 的积分表达式中解出 $J(x)$ 来是完全类似的，其结果也类似，为

$$G(x)-1-\frac{1}{x}=\frac{1}{2\pi\mathrm{i}}\int_{a-\mathrm{i}\infty}^{a+\mathrm{i}\infty}\frac{2\xi(z)}{z(z-1)}x^{z-1}\mathrm{d}z,$$

其中积分上下限中的 a 满足 $0<a<1$。从 $G(x)$ 的定义中不难看到（读者可以自行证明），$G(x)$ 在复平面上 $-\pi/4<\mathrm{Im}\ln(x)<\pi/4$ 的楔形区域内解析。进一步的研究还表明，在这一楔形区域的边界上 $G(x)$ 存在奇点，特别是，当 x 从楔形区域内逼近 $\mathrm{i}^{1/2}$（即 $\mathrm{e}^{\pi\mathrm{i}/4}$）时，$G(x)$ 及其所有导数都趋于零。

另一方面，假如 $\xi(s)$ 在临界线上只有有限多个零点，那么只要 t 足够大，$\xi(1/2+\mathrm{i}t)$ 的符号就将保持恒定（请读者想一想这是为什么）。换句话说，只要 t 足够大，$\xi(1/2+\mathrm{i}t)$ 要么是恒正函数，要么是恒负函数。[1] 显然，t 的这种大范围特征对上式右端的积分（积分限中的 a 取为 $1/2$）会产生可观的影响。这种影响究竟有多大呢？哈代经过研究发现，它足以破坏 $G(x)$ 在 $x\to\mathrm{i}^{1/2}$ 时的所有导数都趋于零这

---

[1] 由于 $\xi(s)$ 在临界线上为实数（参阅第 11 章），且 $\overline{\xi(s)}=\xi(\bar{s})$（参阅第 22 章），$\xi(1/2+\mathrm{i}t)$ 作为 t 的函数是一个偶函数，因此我们只需考虑 $t>0$ 的情形即可。

一结果。① 这就表明 $\xi(s)$ 在临界线上不可能只有有限多个零点——而这正是哈代定理。

英国数学家哈代（1877—1947）

　　哈代定理在研究黎曼猜想的征程上无疑是一个了不起的成就。但是它距离目标究竟还有多远呢？却是谁也答不上来。从字面上看，黎曼 ζ 函数共有无穷多个非平凡零点，而哈代定理所说的正是有无穷多个非平凡零点位于临界线上，两者似乎已是一回事。可惜的是，"无穷"这一概念却是数学中最微妙的概念之一，两个"无穷"之间

---

　　① 限于篇幅，也为了避免涉及过多的技术性内容，我们略去了对这一点的证明。概括地讲，它主要包括三个步骤：(1)消去左端的 $-1-1/x$ 及右端被积函数中的 $1/z(z-1)$ 以简化表达式。具体做法是用算符 $x(\mathrm{d}^2/\mathrm{d}x^2)x$ 作用于 $G(x)$ 的积分表达式的两端。这一步比较容易。(2)证明简化后的左端 $H(x)=x(\mathrm{d}^2/\mathrm{d}x^2)xG(x)$ 在 $x \to \mathrm{i}^{1/2}$ 时具有与 $G(x)$ 一样的行为，即所有导数都趋于零。这一步也比较容易。(3)证明 $\xi(1/2+\mathrm{i}t)$ 在 t 很大时具有恒定的符号这一性质对 $2\xi(z)x^{z-1}$ 的积分所产生的贡献足以使得 $H(x)$ 在 $x \to \mathrm{i}^{1/2}$ 时的高阶导数无法为零。这一步比较困难。

非但未见得相同，简直可以相距要多遥远有多遥远，甚至相距无穷远！因此，为了知道我们离目标究竟还有多远，我们还需要比哈代定理更具体的结果。

幸运的是，那样的结果很快就有了，离哈代定理的问世仅仅相隔七个年头。在研究黎曼定理的征程中，时间动辄就以几十年计，因此七年应该算是很短的时间。这回出现在英雄榜上的人物除了哈代外，还有哈代的同胞兼"亲密战友"利特尔伍德。

24 哈代-利特尔伍德定理

哈代一生除了对数学本身的卓越贡献外,还有两段与他人合作的经历在数学史上被传为佳话。其中一段是与印度数学奇才拉马努金(Srinivasa Ramanujan,1887—1920)的传奇性的合作,另一段便是与利特尔伍德的合作。利特尔伍德与哈代一样,是英国本土的数学家。我们曾在第 1 章中介绍过,英国的数学界自牛顿-莱布尼茨论战以来渐渐与欧洲大陆的数学界孤立了开来。1906 年,当利特尔伍德还是剑桥大学三一学院(Trinity College)的一位年轻学生的时候,这种孤立所导致的一个有趣的后果落到了他的头上。他当时的导师、英国数学家巴恩斯(Ernest Barnes,1874—1953)在那年的暑期之前随手写给了他一个函数,轻描淡写地告诉他说这叫做 ζ 函数,让他研究一下这个函数的零点位置。初出茅庐的利特尔伍德不知 ζ 函数为何方神圣,领命而去倒也罢了,但巴恩斯居然能漫不经心地把这样的课题交给当时还是"菜鸟"(尽管算是比较厉害的"菜鸟")的利特尔伍德,说明他对欧洲大陆在近半个世纪的时间里对这一函数的研究,以及由此所显示的这一课题的艰深程度了解得很不够。

不过巴恩斯虽有对"敌情"失察之过,把任务交给利特尔伍德却是找对人了,因为利特尔伍德很快就成长为英国第一流的数学家。而在这过程中,巴恩斯所给的这个课题对他的成长不无促进之功。若干年后,当利特尔伍德终于体会到了黎曼猜想的艰深程度,甚至开始怀疑其正确性(参阅第 9 章)的时候,他并没有后悔当时曾经接下了这一课题,因为一位真正优秀的数学家在面对一个绝顶难题的时候,往往会被激发出最大的潜力及最敏锐的灵感。

事实上,拿到上述课题后的第二年,利特尔伍德就发现这个 ζ 函数与素数分布之间存在着紧密关联。对于欧洲大陆的数学家来说,这种关联已不足为奇,因为它早在四十八年之前就被黎曼发现了。但在闭塞的英国数学界,欧洲大陆在这方面的工作当时还鲜为人知。不过闭塞归闭塞,例外还是有的,其中与利特尔伍德恰好同在三一学院的哈代就是一个例外。尽管利特尔伍德的发现在时间上未能领先,但他能独立地重复黎曼的部分工作,其功力之不凡还是给年长的哈代留下了深刻印象。此后利特尔伍德在曼彻斯特大学(University of Manchester)教了三年书。1910 年他在获得了三一学院的教职后重返剑桥,由此开始了与哈代长达三十七年亲密无间的合作生涯,直到 1947 年哈代去世为止。

哈代与利特尔伍德的合作堪称数学史上合作关系的典范。在他们合作的极盛时期,欧洲数学界流传着许多有关他们的善意玩笑。比如玻尔(玻尔-兰道定理中的玻尔)曾经开玩笑说当时英国共有三位第一流的数学家:一位是哈代,一位是利特尔伍德,还有一位是哈代-利特尔伍德。而与之截然相反的另一个玩笑则宣称利特尔伍德根本就不存在,是哈代为了自己的文章一旦出现错误时可以有替罪羊而杜撰出来的虚拟人物。据说兰道(玻尔-兰道定理中的兰道)还专程从德国跑到英国来证实利特尔伍德的存在性。

哈代与利特尔伍德对临界线上非平凡零点的研究起点与哈代定

理相同,也是上面提到的 $G(x)$ 与 $\xi(s)$ 之间的积分表达式。在哈代定理的证明中,如我们在上文及注释中看到的,着眼点是 $2\xi(z)x^{z-1}/z(z-1)$ 在整个临界线上的积分。这一着眼点其实已经为哈代定理的结果埋下了伏笔。正所谓"种瓜得瓜,种豆得豆",既然所研究的是整个临界线上的积分,所得到的当然也就只是有关整个临界线上零点总数的笼统结果。

那么,为了得到能与黎曼猜想对非平凡零点的描述进行具体比较的结果,我们需要什么呢? 我们需要的不仅是对整个临界线上零点总数的研究,更重要的是要了解临界线上位于区间 $0 \leqslant \mathrm{Im}(s) \leqslant T$ 的零点数目。为此,哈代与利特尔伍德研究了 $2\xi(z)x^{z-1}/z(z-1)$ 在临界线上任一区间的积分,即

$$I(x,s,k) = \frac{1}{2\pi \mathrm{i}} \int_{s-\mathrm{i}k}^{s+\mathrm{i}k} \frac{2\xi(z)}{z(z-1)} x^{z-1} \mathrm{d}z,$$

其中 $\mathrm{Re}(s)=1/2$。通过对这一积分的细致研究,哈代与利特尔伍德发现临界线上不仅有无穷多个非平凡零点,而且虚部在 $0 \sim T$ 的零点总数随 T 趋于无穷的速度起码是 KT(其中 K 为大于零的常数)。他们发表于 1921 年的这一结果在数学界并无确切名称,我们在这里将它称之为哈代-利特尔伍德定理,它的完整表述如下:

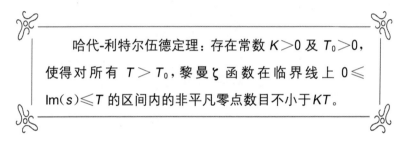

哈代-利特尔伍德定理:存在常数 $K > 0$ 及 $T_0 > 0$,使得对所有 $T > T_0$,黎曼 ζ 函数在临界线上 $0 \leqslant \mathrm{Im}(s) \leqslant T$ 的区间内的非平凡零点数目不小于 KT。

有了这样的具体结果，我们就可以将它与黎曼猜想相比较了。那么，哈代-利特尔伍德定理距离黎曼猜想这一目标究竟有多远呢？为了回答这一问题，我们可以回忆一下第 5 章中黎曼那三个命题中的第一个，即：在 $0 < \mathrm{Im}(s) < T$ 的区间内（不限于临界线上），黎曼 ζ 函数的零点总数大约为 $(T/2\pi)\ln(T/2\pi) - (T/2\pi)$。这个命题于 1905 年被曼戈尔特所证明，并且也是黎曼那三个命题中迄今唯一得到证明的命题。与这个命题相比，我们可以看到一个令人沮丧的结果，那就是哈代-利特尔伍德定理所给出的对临界线上非平凡零点数目下限的渐近估计相对于零点总数来说，其渐近比例为零！真是不比不知道，一比吓一跳，原来花了这么大工夫所得到的这一结果从纯比例的角度看竟是如此的"微不足道"。

这就是我们与黎曼猜想的距离所在，也是黎曼猜想的难度所在。

但尽管如此，哈代-利特尔伍德定理是有关黎曼 ζ 函数非平凡零点在临界线上的具体分布的第一个解析结果。在当时也是唯一一个那样的结果，其重要性是不言而喻的。哈代-利特尔伍德定理的这一纪录总共维持了 21 年，直到 1942 年才被我们在第 17 章中提到过的塞尔伯格所打破。

25 数学世界的"独行侠"

在 20 世纪的数学家中,塞尔伯格是非常独特的一位。当数学的发展使得数学家之间的相互合作变得日益频繁的时候,塞尔伯格却始终维持了一种古老的"独行侠"姿态——他所走的是一条独自探索的道路。塞尔伯格于 1917 年出生在寒冷的北欧国家挪威。年少的时候,他常常独自静坐在他父亲的私人图书室里阅读数学书籍。那段经历与他后来近乎孤立的研究风格遥相呼应。就在那时,他接触到了有关印度数学奇才拉马努金的故事。那些故事,以及拉马努金的那些犹如神来之笔的奇妙公式深深地吸引了他。随着阅读的深入,塞尔伯格自己的数学天赋也渐渐显现了出来。他十二岁开始自学高等数学,十五岁开始发表数学作品,而到了二十岁那年,他已经可以对哈代与拉马努金的一个著名的公式作出改进。① 不过遗憾的是,同样的结果在一年之前就已经由德国数学家拉德马赫(Hans Rademacher,1892—1969)做出并发表了。

在"二战"期间,欧洲的许多科学家被迫离开了家园,整个欧洲的学术界变得沉寂凋零。但塞尔伯格仍然留在了挪威,在奥斯陆大学(University of Oslo)独自从事数学研究。随着战事的深入,学校里不仅人越来越少,到后来甚至连外界的学术期刊也无法送达了。塞

---

① 这一公式叫做哈代-拉马努金公式,它所描述的是将一个任意正整数分解为正整数之和的可能方式数。哈代-拉马努金公式的形式非常复杂,但却只是一个近似结果。拉德马赫及塞尔伯格所做的事情,是将它改进为了精确结果。

挪威数学家塞尔伯格（1917—2007）

尔伯格与数学界的交流彻底地中断了。但这种在常人看来十分可怕的孤立，在塞尔伯格眼里却有一种全然不同的感觉。他后来回忆当时的情形时说："这就像处在一座监狱里，你与世隔绝了，但你显然有机会把注意力集中在自己的想法上，而不会因其他人的所作所为而分心，从这个意义上讲我觉得那种情形对于我的研究来说有许多有利的方面。"这个道理虽然浅显，但真正能忍受这种孤立的环境，并善加利用的人却是少之又少，塞尔伯格是其中之一。

战争结束后的 1946 年，塞尔伯格应邀出席了在丹麦首都哥本哈根举行的斯堪的纳维亚数学家大会（Scandinavian Congress of Mathematicians），并做了报告，向数学界介绍了他在战争期间所做的工作。这其中最重要的一项工作，就是我们将在第 26 章中介绍的他在黎曼猜想研究上的成就。在那段战火纷飞、纳粹横行的黑暗岁月里,欧洲的数学界几乎分崩离析,数学家们走的走,散的散,下岗的下岗、参战的参战,真正留在本土从事研究且作出重大成就的人很少,以至于玻尔(即第 22 章所介绍的玻尔-兰道定理中的玻尔)曾对当时已移民美国的来访者西格尔(即第 10 章所介绍的黎曼-西格尔公式中的西格尔)戏称说,战时整个欧洲的数学新闻可以归结为一个词,那就是塞尔伯格!

塞尔伯格的卓越贡献一经曝光很快就引起了著名的美国"猎头公司"普林斯顿高等研究院的注意。普林斯顿高等研究院我们曾在第 17 章中提到过。与那些每一条林荫道、每一间咖啡屋都散发着悠远历史的欧洲学术之都相比,创建于 1930 年的普林斯顿高等研究院显得十分年轻。但它却在极短的时间内声名鹊起,成为世界级的学术中心。这一崛起在很大程度上得益于它在"二战"期间吸引了为躲避纳粹而从欧洲来到美国的许多第一流学者,这其中包括像爱因斯坦(Albert Einstein,1879—1955)与哥德尔那样的绝世高手。战争结束后,在普林斯顿高等研究院任教的德国数学家外尔(Hermann Weyl,1885—1955)向塞尔伯格发出了邀请。外尔本人就是被普林斯顿高等研究院从欧洲"猎取"来的顶尖数学家,他曾是希尔伯特在哥廷根大学的继任者,但外尔的妻子是犹太人,这使得他们在德国难以立足。塞尔伯格接受了外尔的邀请,于 1947 年来到了普林斯顿高等研究院,1949 年成为正式成员。1950 年,塞尔伯格因其在黎曼猜想及其他领域的杰出贡献,与法国数学家施瓦茨(Laurent Schwartz,

1915—2002)共同获得了数学界的最高奖——菲尔兹奖。①

  普林斯顿高等研究院是学术交流与合作的天堂,它与战时奥斯陆大学的与世隔绝有着天壤之别。但塞尔伯格的研究风格并没有因环境的改变而发生变化,他一如既往地走着一条孤立研究的道路,②并且——与当年的高斯一样——他有许多工作没有发表。在年轻的时候,他的孤立使他未能及早发现拉德马赫已经发表的文章,以至于重复了后者的工作。如今,在他的声誉如日中天时,他的孤立却让其他数学家的心里忐忑了起来,担心自己辛苦劳作的结果是在重复塞尔伯格早已完成过的工作。在塞尔伯格落户普林斯顿高等研究院二十几年后的一天,部分地正是因为这种担心,让年轻的蒙哥马利踏上了普林斯顿之旅,从而有了我们在第 17 章中叙述过的那个数学与物理交汇的动人故事。

---

  ① 菲尔兹奖委员会对塞尔伯格获奖贡献的描述是:发展及推广了布伦(Viggo Brun,1885—1978,挪威数学家)的筛法(sieve methods);获得了有关黎曼 ζ 函数零点的重要结果;(与埃尔德什一起)给出了一个素数定理的初等证明,以及对任意算术序列中素数研究的推广。

  ② 塞尔伯格一生只有一篇论文是与别人合作的,合作者就是我们在第 17 章中提到过的那位促成了蒙哥马利与戴森"茶室邂逅"的印度数学家乔拉(乔拉的交际能力之强由此可见一斑)。除此之外,即使在被菲尔兹奖委员会提到的他与埃尔德什一起给出的素数定理的初等证明中,他也不曾与埃尔德什合写论文(这件事情后来还不幸演变成他与埃尔德什之间的一段很不愉快的经历,这是题外话)。

26 临界线定理

对于本书,在塞尔伯格的工作中最重要的,显然是他在黎曼猜想研究上的成就。如前所述,他的这一研究是在"二战"期间进行的。出于对拉马努金的兴趣,塞尔伯格对剑桥大学的"三剑客"——即拉马努金、哈代、利特尔伍德——的工作进行了深入研究。这其中哈代与利特尔伍德所证明的有关黎曼 ζ 函数非平凡零点分布的哈代-利特尔伍德定理引起了他的极大兴趣。哈代-利特尔伍德定理是一个非常漂亮的定理,但它的结果却太弱,因为——如我们在第 24 章中所介绍的——它所能确立的位于临界线上的零点数目相对于非平凡零点的总数来说,其渐近比例等于零。

塞尔伯格想要做的是改进这一结果。

哈代与利特尔伍德都是英国顶尖的数学家,虽然他们的结果距离解决黎曼猜想还非常遥远,但他们这项工作思虑周详、推理严谨,几乎没有留下任何空隙能让别人去填补。或者换句话说,他们在这项工作中所采用的方法已经被推到了极致。这一点哈代与利特尔伍德自己也很清楚,在论文中他们明确表示用这一方法已经难以取得进一步的结果了。

因此,要想改进哈代与利特尔伍德的结果,就必须突破他们所用的方法。我们知道(详见第 23、24 章),在哈代与利特尔伍德所用的方法中一个很关键的部分,就是对 $2\xi(z)x^{z-1}/z(z-1)$ 的积分进行研究。哈代最初研究的是 $2\xi(z)x^{z-1}/z(z-1)$ 在无穷区间$(1/2-\mathrm{i}\infty,$

$1/2+i\infty)$ 上的积分, 而在哈代与利特尔伍德的合作研究中, 为了得到临界线上零点分布的细致结果, 这一积分范围被细化成了临界线上的任意有限区间 $(s-ik, s+ik)$, 其中 $\mathrm{Re}(s)=1/2$。从选择积分区间的角度讲, 这一推广已经达到了极致。

那么想要突破哈代与利特尔伍德的方法, 该从哪里下手呢? 塞尔伯格把目光盯在了被积函数上。塞尔伯格发现, 如果我们用一个适当的函数对哈代与李特尔伍德所用的被积函数 $2\xi(z)x^{z-1}/z(z-1)$ 进行"调制", 就有可能使对其积分的研究变得更为精准。为此他把自己的注意力放在一个更普遍的积分

$$I(x,s,k) = \frac{1}{2\pi i}\int_{s-ik}^{s+ik} \frac{2\xi(z)}{z(z-1)}\phi(z)\phi^*(z)x^{z-1}\mathrm{d}z$$

上。这个积分与哈代与利特尔伍德所用的积分相比多了一个被积因子 $\phi(z)\phi^*(z)$, 这个因子就是塞尔伯格引进的调制函数, 也是他在方法上的突破。

那么什么样的调制函数比较有利于对这个积分进行研究呢? 塞尔伯格认为应该选一个能够对 $\xi(z)$ 在零点附近的行为进行某种控制的函数。这种函数的一个比较容易想到的选择是 $\phi(z)=[\zeta(z)]^{-1/2}$。由于 $\zeta(z)$ 与 $\xi(z)$ 具有同样的零点, 因此用这个调制函数可以完全消去 $\xi(z)$ 的零点。但这个选择有一个不利之处, 那就是它在 $z=1$ 处具有奇异性。为了避免这一奇异性对 $\phi(z)$ 的解析延拓造成麻烦, 塞尔伯格对 $[\zeta(z)]^{-1/2}$ 的展开式 $[\zeta(z)]^{-1/2} = \sum_n a_n n^{-z}$ 进行了截断处理, 他引进了一个新的级数 $\phi(z) = \sum_n \beta_n n^{-z}$。这个新级数的系数 β_n 在

$n \leqslant N$（N 为某个很大的正整数）时取为 $[1 - \ln(n)/\ln(N)]a_n$，而在 $n > N$ 时则取为零。这样引进的 $\phi(z)$ 是一个至多只有 $N+1$ 项的有限级数，从而对所有的 z 都解析。另一方面，在 N 很大时它是对 $[\zeta(z)]^{-1/2}$ 的近似，因此通过对 N 进行调节，塞尔伯格可以对 $\xi(z)$ 在零点附近的行为进行某种控制。

这一调制函数果然不负众望，通过它的辅助，塞尔伯格经过复杂的计算与推理，终于证明了一个比哈代-利特尔伍德定理强得多的结果。这个结果被称为临界线定理（critical line theorem）[①]。

> 临界线定理：存在常数 $K > 0$ 及 $T_0 > 0$，使得对所有 $T > T_0$，黎曼 ζ 函数在临界线上 $0 \leqslant \mathrm{Im}(s) \leqslant T$ 的区间内的非平凡零点数目不小于 $KT\ln(T)$。

塞尔伯格得到这一结果是在 1942 年，当时欧洲的战火仍在燃烧，奥斯陆大学仍处于与世隔绝之中。外界的数学家们固然大都不知道他的这一重大成果，塞尔伯格本人也不确定自己是否又会像当年改进哈代与拉马努金的工作那样重复别人已经完成过的东西。战争一结束，当他听说邻近的特隆赫姆理工学院（Institute of Technology in Trondheim）已经收到了在战争期间无法送达的数学

---

① 有读者可能会问：这个定理为什么不叫做塞尔伯格定理？那是因为"塞尔伯格定理"这一名称在一定程度上已经"名花有主"了——他的某些其他成果有时被冠以这一名称。不过即便如此，人们有时也的确仍把临界线定理称为塞尔伯格定理。

杂志时，就专程前往，花了一星期的时间查阅文献。这一次他没有失望，二十一年来数学界对黎曼 ζ 函数非平凡零点分布的解析研究基本上仍停留在哈代-利特尔伍德定理的水平上，孤独的塞尔伯格远远地走在了时代的前面。

那么塞尔伯格的这一临界线定理究竟强到什么程度呢？让我们再回忆一下在第 5 章中提到过，并在后面章节中屡次被引述过的黎曼那三个命题中的第一个——也是唯一一个被证明了的——命题：在 $0 < \text{Im}(s) < T$ 的区间内（不限于临界线上），黎曼 ζ 函数非平凡零点的数目约为 $(T/2\pi)\ln(T/2\pi) - (T/2\pi)$。将这个结果与塞尔伯格的临界线定理相比较，显然可以看到（请读者们自行证明）：临界线定理表明黎曼 ζ 函数位于临界线上的零点在全部非平凡零点中所占渐近比例的下限大于零！就这样，从玻尔、兰道到哈代、利特尔伍德，再到塞尔伯格，经过一系列艰辛的解析研究，数学家们所确定的位于临界线上的零点数目比例终于破天荒地超过了 0，达到了一个"看得见"的比例，这在黎曼猜想的研究中是一个重要的里程碑。

27 莱文森方法

塞尔伯格的临界线定理表明黎曼 ζ 函数临界线上的零点在全体非平凡零点中所占比例大于零。那么这个比例究竟是多少呢？塞尔伯格在论文中没有给出具体的数值。据说他曾经计算过这一比例，得到的结果是 5%～10%。[①] 另外，中国数学家闵嗣鹤(1913—1973)在牛津大学留学(1945—1947)时，曾在博士论文中计算过这一比例，得到了一个很小的数值。这些结果或是太小，或是没有公开发表，在数学界鲜有反响。总的来说，塞尔伯格的结果更多地被视为是一种定性的结果——即首次证明了位于临界线上的零点占全体非平凡零点的比例大于零。

有关这一比例的具体计算时隔二十多年才有了突破性的并且引人注意的进展。这一进展是由美国数学家莱文森（Norman Levinson，1912—1975）做出的。莱文森小时候家境非常贫寒，父亲是鞋厂工人，母亲目不识丁且没有工作，但他在十七岁那年成功地考入了著名的高等学府麻省理工学院（Massachusetts Institute of Technology，MIT）。在 MIT 的前五年，莱文森在电子工程系就读，但他选修了几乎所有的数学系研究生课程，并得到了著名美国数学家维纳（Norbert Wiener，1894—1964）的赏识。1934 年，莱文森转入

[①] 也有说是 1%左右。需要提醒读者的是，这种比例指的都是下界，比如 5%～10%指的是至少有 5%～10%的非平凡零点在临界线上。

了数学系。这时莱文森的水平已完全具备了获取数学博士学位的资格,于是维纳帮他申请了一笔奖学金,让他去哈代所在的剑桥大学访问了一年。次年,莱文森返回 MIT,立即拿到了博士学位。莱文森在学术生涯的早期先后经历了美国的经济大萧条及麦卡锡主义(McCarthyism)的盛行,几次面临放弃学术研究的窘境,但最终还是幸运地渡过了难关。

莱文森在傅里叶变换、复分析、调和分析、随机分析、微分及积分方程等领域都做出过杰出贡献。他二十八岁时就在美国数学学会出版了有关傅里叶变换的专著,这通常是资深数学家才有机会获得的殊荣;他在非线性微分方程领域的工作于 1953 年获得了美国数学学会(American Mathematical Society)每五年颁发一次的博谢纪念奖(Bôcher Memorial Prize);他 1955 年完成的著作《常微分方程理论》一出版就被誉为了这一领域的经典著作。但他最令世人惊叹的则是在年过花甲,生命行将走到尽头的时候,忽然在黎曼猜想研究中获得了重大突破,给出了临界线上零点比例的一个相当可观的下界估计。

莱文森对临界线上零点比例的研究采取了与哈代、利特尔伍德及塞尔伯格都十分不同的方法。他的基本思路来源于黎曼 ζ 函数 $\zeta(s)$ 的零点分布与其导数 $\zeta'(s)$ 的零点分布之间的关联。早在 1934 年,瑞士数学家斯派泽(Andreas Speiser,1885—1970)就曾经证明过,黎曼猜想等价于 $\zeta'(s)$ 在 $0<\mathrm{Re}(s)<1/2$ 上没有零点。1974 年莱文森与蒙哥马利合作证明了斯派泽结果的一个定量版本,那就是 $\zeta'(s)$ 在开区域 $\{-1<\mathrm{Re}(s)<1/2,T_1<\mathrm{Im}(s)<T_2\}$ 内的零点数目与

$\zeta(s)$ 在 $\{0<\mathrm{Re}(s)<1/2, T_1<\mathrm{Im}(s)<T_2\}$ 内的零点数目之比渐近于 1。有了这一结果，人们就可以通过研究 $\zeta'(s)$ 的零点分布，而得到有关 $\zeta(s)$ 在临界线上的零点数目的信息，①这正是莱文森所做的。与上述结果的发表同年（即 1974 年），莱文森通过这种方法，得到了对临界线上零点比例下限的一个突破性的估计。

　　莱文森的研究在刚开始的时候给出了一个非常乐观的结果：98.6％！他把自己的一份手稿交给了同事、印度裔美国数学家洛塔（Gian-Carlo Rota, 1932—1999），并且幽默地宣称自己可以把这个比例提高到 100％，但他要把剩下的 1.4％ 留给读者去做。洛塔信以为真，便开始传播"莱文森证明了黎曼猜想"的消息。这很快被证明是一个双重错误：首先，在莱文森所采用的方法中，即使真的把比例提高到 100％，也不等于证明了黎曼猜想；其次，很快就有人在莱文森的证明中发现了错误。幸运的是，该错误并没有彻底摧毁莱文森的努力，只不过那个奇迹般的 98.6％ 掉落尘埃，变成了 34％。莱文森最终把自己论文的标题定为了："黎曼 ζ 函数超过三分之一的零点位于 $\sigma=1/2$"②。如果我们用 $N_0(T)$ 表示临界线上区间 $0<\mathrm{Im}(s)<T$ 内的零点数目，而 $N(T)$ 表示临界带上区间 $0<\mathrm{Im}(s)<T$ 内的零点数目——即满足 $0<\mathrm{Im}(s)<T$ 的全部非平凡零点的数目，则莱文森的

---

　　① 确切地说，从上述结果中直接得到的是有关 $\zeta(s)$ 在临界线之外——即 $0<\mathrm{Re}(s)<1/2$——的零点数目的信息。（请读者想一想我们为什么不提 $1/2<\mathrm{Re}(s)<1$?）但由此可以很容易地推出有关临界线上零点数目的信息。

　　② 这里的 σ 就是 $\mathrm{Re}(s)$。

结果可以表述为：①

莱文森临界线定理：存在常数 $T_0>0$，使得对所有 $T>T_0$，$N_0(T)\geqslant(1/3)N(T)$。

  莱文森的这一结果是继塞尔伯格之后在这一领域中的又一个重大进展，它不仅为临界线上的零点比例给出了一个相当可观的下界，更重要的是，莱文森的这种把 $\zeta(s)$ 与 $\zeta'(s)$ 的零点分布联合起来进行研究的方法——莱文森方法——为许多后续研究奠定了基础。

---

  ① 与塞尔伯格的情形类似，"莱文森定理"这一名称也已名花有主，在本书中我们把形如 $N_0(T)\geqslant CN(T)$ 的定理均称为临界线定理，除对塞尔伯格的结果不加冠语外，其余一律以证明者的姓氏来区分。另外需要指出的是，莱文森的原始论文所讨论的比例是针对 $N_0(T+U)-N_0(T)$ 与 $N(T+U)-N(T)$（U 是一个与 T 有关的正数），而不是直接针对 $N_0(T)$ 与 $N(T)$ 的。不过可以证明，在比例小于 100％ 时这两者等价（比例等于 100％ 时则不等价）。结合本注释，感兴趣的读者不妨回过头去思考一下正文所说的"在莱文森所采用的方法中，即使真的把比例提高到 100％，也不等于证明了黎曼猜想"的原因。

28　艰难推进

应用莱文森方法进行零点研究的第一项后续研究是由他本人做出的。1975 年,即紧接着上述研究的那一年,莱文森把对临界线上零点比例的下界估计提高到了 0.3474。这虽然是一个很小的推进,但这种计算每一个都异常繁复,而莱文森当时的身体状况已经极差,他能够完成这样的计算堪称是一个奇迹。事实上,那已是他生命中的最后一个年头,那一年的十月十日,莱文森因患脑瘤在他的学术故乡波士顿(Boston——MIT 的所在地)去世。

在莱文森之后,数学家们艰难地推进着莱文森的结果,但速度极其缓慢。1980 年,中国数学家楼世拓与姚琦证明了 $N_0(T) \geqslant 0.35 N(T)$;1983 年,美国数学家康瑞(Brian Conrey)证明了 $N_0(T) \geqslant 0.3685 N(T)$。这些结果都是在小数点后的第二位数字上做手脚。1989 年,康瑞终于撼动了小数点后的第一位数字,他把比例系数提高到了 0.4,即

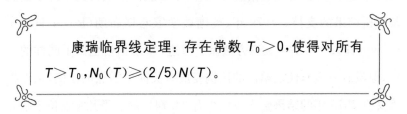

> 康瑞临界线定理：存在常数 $T_0 > 0$,使得对所有 $T > T_0$,$N_0(T) \geqslant (2/5)N(T)$。

这是迄今为止数学家们在这一方向上所获得的最强的结果。[1]

---

[1]　2012 年 4 月,中国数学家冯绍继在《数论杂志》(*Journal of Number Theory*)上发表论文,在莱文森和康瑞方法的基础上,将零点比例的下界估计提高到了 0.4128。(2014年 3 月注)

康瑞认为自己的证明还有改进的空间,但计算实在太过复杂,不值得花费时间了。他的说法是:如果可以把估计值提高到 50% 以上,那就值得去做,因为那样的话人们至少可以说黎曼 ζ 函数的大部分非平凡零点都在临界线上。可惜康瑞认为他的证明能够改进的幅度不会超过几个百分点,不可能达到 50%。不仅康瑞的证明如此,整个莱文森方法的改进空间有可能都已不太大了,目前数学家们普遍认为用莱文森方法不可能把对临界线上零点比例的下界估计推进到 100%。

虽然数学家们在推进临界线上零点比例的下界估计上进展缓慢,但在这一过程中他们也得到了许多相关的结果。这其中很重要的一类结果是关于简单零点在全部非平凡零点中所占比例的估计。数学家们普遍猜测,黎曼 ζ 函数所有的零点都是简单零点,[①]这被称为简单零点假设(simple zero conjecture),它是一个迄今尚未得到证明的命题。不过,与黎曼猜想类似,简单零点假设也得到了许多数值及解析结果的支持。1979 年,英国数学家希斯布朗(Roger Heath-Brown,1952—)对莱文森方法做了改进(塞尔伯格也做了同样的工作,但没有发表),使之给出的比例变成有关简单零点的比例,从而把莱文森 1975 年的结果转变成至少有 34.74% 的非平凡零点位于临界线上,并且都是简单零点。类似地,康瑞临界线定理也被转变成至少有 2/5 的非平凡零点位于临界线上,并且都是简单零点。除此

---

① 这其中也包括平凡零点,但平凡零点的简单性是很容易证明的。

之外，由于简单零点假设通常与黎曼猜想联系在一起（有些数学家甚至将之视为黎曼猜想的一部分），因此也有一些数学家研究了在所有非平凡零点都位于临界线上（即传统的黎曼猜想成立）的前提下，非平凡零点中简单零点所占的比例。比如蒙哥马利在 1973 年曾经证明了如果黎曼猜想成立，则至少有 2/3 的非平凡零点是简单零点。

除了对黎曼 ζ 函数的零点进行研究外，数学家们对与之关系密切的 ξ 函数（忘记这一函数的读者请温习一下第 5 章）及其导数的零点分布也作过一些研究。比如上文提到的 1983 年康瑞的结果所针对的实际上是 $\xi(s)$ 及其各阶导数，他得到的主要结果为：

- $\xi(s)$ 的零点至少有 36.85% 在临界线上；
- $\xi'(s)$ 的零点至少有 81.37% 在临界线上；
- $\xi''(s)$ 的零点至少有 95.84% 在临界线上；
- $\xi'''(s)$ 的零点至少有 98.73% 在临界线上；
- $\xi''''(s)$ 的零点至少有 99.48% 在临界线上；
- $\xi'''''(s)$ 的零点至少有 99.70% 在临界线上。

不仅如此，康瑞还给出了有关更高阶导数的渐近结果。[1] 在上面所列举的结果中，$\xi(s)$ 的零点由于恰好与 $\zeta(s)$ 的非平凡零点相重合（参阅第 5 章），因此有关 $\xi(s)$ 零点的结果等价于上文所提到的 $N_0(T) \geqslant 0.3685 N(T)$。

---

[1]　康瑞所证明的渐近结果表明 $\xi^{(n)}(s)$ 位于临界线上的零点的比例下界 p_n 在 $n \to \infty$ 时满足渐近规律：$|1 - p_n| \sim O(n^{-2})$。

从康瑞的这一系列结果中不难看到,有关 $\xi(s)$ 各阶导数的结果远比有关 $\xi(s)$ 本身的结果强得多。因此,如果有什么办法能像莱文森在 $\zeta(s)$ 与 $\zeta'(s)$ 之间建立的关联那样,把有关 $\xi(s)$ 各阶导数的结果转化为有关 $\xi(s)$ 本身的结果——从而也就是有关 $\zeta(s)$ 的结果,那将对临界线上的零点估计再次产生突破性的影响。莱文森在临终前曾认为自己已经有这样的办法,可惜他很快就去世了,而迄今为止谁也没能找到这种办法。不过,尽管迄今还没有办法把有关 $\xi(s)$ 各阶导数的结果转化为有关 $\xi(s)$ 本身的结果,康瑞对 $\xi(s)$ 各阶导数的研究依然是很有意义的,因为可以证明:如果黎曼猜想成立,则 $\xi(s)$ 与它的各阶导数的零点都必定位于临界线上。换句话说,只要发现 $\xi(s)$ 及其任意阶导数的任何一个零点不在临界线上,就等于否证了黎曼猜想。因此,康瑞的结果可以被视为是对黎曼猜想很有力的间接支持。

29　哪里没有零点

　　读者们也许注意到了，我们前面各章所介绍的有关零点分布的解析结果沿袭着一条共同的思路，那就是尽可能地"抓捕"位于临界线上的零点。从玻尔-兰道定理确立临界线是零点分布的汇聚中心，到哈代定理确立临界线上有无穷多个零点，到哈代-利特尔伍德定理确定该"无穷多"最起码的增长方式，到各种临界线定理确定临界线上零点比例的下界，到有关简单零点的类似结果，再到 $\xi(s)$ 及各阶导数在临界线上零点比例的下界……所有这些努力，都是在试图"抓捕"临界线上的非平凡零点，或与之有关的性质。

　　这样的思路当然是非常合理的，因为黎曼猜想所"猜想"的正是所有的非平凡零点都位于临界线上。如果我们能在临界线上把所有的零点一一"抓捕归案"，自然也就证明了黎曼猜想。但是，正如我们在前面的漫长旅途中所看到的，"抓捕"零点是一件极其困难的事情，这么多年来，经过这么多数学家的持续努力，我们在临界线上"抓捕"到的零点数目还不到总数的一半。在这种情况下，我们不妨换一个角度来思考问题：既然我们还无法证明所有的零点都位于临界线上，那何不先试着排除掉某些区域呢？排除掉的区域越多，零点可以遁形的地方也就越少，这就好比是侦探在寻找罪犯时把无关的人员排除得越干净，就越有利于锁定罪犯。如果我们可以把临界线以外的所有区域——$\mathrm{Re}(s)<1/2$ 与 $\mathrm{Re}(s)>1/2$——全部排除掉，也同样就证明了黎曼猜想。

遗憾的是,数学家们在这方面所获得的进展比直接捕捉零点还要少得多,简直可以说是少得可怜。从排除区域的角度上讲,最先被排除掉的是 Re(s)<0 及 Re(s)>1,这是非常简单的结果(参阅第 5 章和附录 A)。接着被排除掉的是 Re(s)=0 及 Re(s)=1,这是非常困难的结果,它直接导致了素数定理的证明(参阅第 7 章),临界带的概念也由此产生。这些结果距今都已经超过一百年了,那么在时隔一百多年之后,我们是否有能力把这类结果再推进一点儿,比方说把临界带的右侧边界由 Re(s)=1 向左平移为 Re(s)=1−ε(ε>0),从而把 Re(s)≥1−ε 的区域排除掉呢?[①] 不幸的是,我们迄今还没有这个能力。无论把 ε 取得多小,一百多年来也始终没有人能够把 Re(s)≥1−ε 的区域排除掉。迄今为止,数学家们所能证明的只有诸如临界带之内曲线 Re(s)=1−c/ln[|Im(s)|+2](c>0)右侧的区域内没有非平凡零点之类的结果。[②] 由于曲线 Re(s)=1−c/ln[|Im(s)|+2]在 Im(s)→∞时无限逼近于 Re(s)=1,因此我们无法利用这一结果将临界带的右侧边界向左平移哪怕最细微的一丁点儿。

---

① 由于零点分布的对称性,在这种情况下临界带的左侧边界也将相应改变。人们有时把临界带的边界可以向内平移称为准黎曼猜想(quasi-Riemann hypothesis)。

② 这一结果的基本形式是普森于 1899 年给出的,距今已有一百多年历史了。数学家们对这一结果的改进极为有限,比如只能将曲线改变为 Re(s)=1−c/(lnln|Im(s)|)$^{1/3}$·(ln|Im(s)|)$^{2/3}$,而无法改变曲线无限逼近 Re(s)=1 这一特点。

30 监狱来信

在前面各章中,我们介绍了数学家们在证明黎曼猜想的漫长征途上所做过的多方面的尝试。这些尝试有些是数值计算,它们虽然永远也不可能证明黎曼猜想,却有可能通过发现反例而否证黎曼猜想——当然,迄今为止并未有人发现反例;有些则是解析研究,它们具有证明黎曼猜想的潜力,但迄今为止距离目标还很遥远。如果小结一下的话,那么这两类尝试虽然很不相同,却都可以被归为直接手段,因为它们的目标都是黎曼猜想本身。

既然这两类直接手段都遇到了困难,那我们不妨来问这样一个问题:除这些直接手段外,还有没有别的手段可以帮我们研究黎曼猜想,或至少带给我们一些启示呢?

答案是肯定的。

事实上,黎曼猜想虽然是一个极为艰深的难题,但这种长时间无法解决的难题在科学上是并不鲜见的。科学家们对付这种难题的大思路其实很简单,那就是直接手段行不通时,就采用间接手段。当然,大思路虽然简单,具体采取什么样的间接手段,可就大有讲究了。一般来说,常用的间接手段有两类:第一类是研究与原问题相等价的问题——那样的问题一旦被解决，原问题自然也就解决了；①第二类则是研究与原问题相类似但却更简单的问题——这类手段虽不能解决原问题，却有可能带给我们启示。更重要的是，在原问题实在太艰深时，这类手段往往比其他手段更具可行性。

就目前我们对黎曼猜想的了解而言，它看来是属于那种"原问题实在太艰深"的情形，因此我们要介绍的间接手段是"往往比其他手段更具可行性"的第二类间接手段。这类手段在科学研究中有着广泛的应用。比如物理学家们遇到很困难的三维空间中的问题时，往往转而研究二维、一维，甚至零维空间中与原问题相类似的问题。又比如生物学家们从事一些不宜在人体上作尝试的研究时，往往转而用动物作为研究对象。最近比较热门的用凝聚态体系模拟基础问题的做法，也是第二类间接手段的例子。② 这类手段通俗地讲，其实就是研究"山寨版"的问题。只不过与经济领域中的"山寨版"产品被四处喊打不同，科学领域中的"山寨版"问题不仅不违规，对它们的研究还广受鼓励。有时候，在"山寨版"问题上的突破，甚至能成为重大的科学成就，并获得重大的科学奖项。黎曼猜想就是一个很好的例子，

---

① 除了研究等价问题外，人们有时还会研究比原问题更普遍的问题。有读者可能会问：那样的问题难道不应该与原问题同样困难，甚至更困难吗？是的，一般来说，与一个难题相等价或更普遍的问题本身也不太可能是省油的灯。但是，解决难题往往需要灵感，而不同的问题（哪怕是等价的问题）所能激发的灵感是不同的，因此研究那样的问题有时能起到意想不到的作用。

② 这方面的一个例子，是利用石墨烯（graphene）中的电子运动与相对论量子力学中无质量粒子运动的类似性，来研究后者。此外，2009 年受到过一些媒体关注的用特定流体中的声子运动来模拟黑洞附近的光子行为的所谓"声学黑洞"（sonic blackhole）研究也是一个例子。

它的艰深与重要，使得"山寨版"的黎曼猜想也"鸡犬升天"，变成了非同小可的问题，研究或解决它的数学家甚至可以获得数学界的最高奖，堪称是史上最牛的"山寨版"。①

为了介绍这种史上最牛的"山寨版"，让我们把时光暂时拉回到1940年。

1940年4月，著名的法国几何学家埃里·嘉当（Élie Cartan，1869—1951）收到了一封奇怪的信件，它的寄信人地址是位于法国海滨城市鲁昂（Rouen）的一座军事监狱。

一位著名数学家居然收到一封来自监狱的信件，那会是什么样的信件呢？照常理来说，最大的可能性是某位民间"科学家"（简称民科）的杰作，对于法国数学家，情况尤其如此。因为在这方面，法国科学院（French Academy of Sciences）可谓是开了风气之先——自从一个多世纪前它为费马大定理悬赏以来，民科信件便如雪片般地飞向了法国数学家的手里。那热情，就连一百多年的时光也不足以使之熄灭。自那以后，知名法国数学家收到民科来信就不再是新鲜事了。不过嘉当收到的这封信件却有些不同，它的寄信人地址虽然很"民间"，笔迹却颇为熟悉，因为那笔迹属于一位真正的数学家。那数学家不仅嘉当认识，更是他那数学家儿子昂利·嘉当（Henri Cartan，1904—2008）的好朋友。那位数学家叫做韦伊（André Weil，1906—1998），他一生的许多重要工作虽然还有待于此刻拿在嘉当手里的这

———

① 需要补充说明的是，"山寨版"黎曼猜想的重要性并不仅仅来自"正版"黎曼猜想的艰深与重要，它本身以及它与其他数学领域的关联也有着不容忽视的重要性。

封监狱来信来揭开序幕,但当时的他就已在代数、分析、数论等诸多领域中享有了一定的声誉。五年前,他还与几位志同道合的年轻数学家(其中包括昂利·嘉当)一同,创立了一个后来大名鼎鼎的数学学派——布尔巴基学派。

嘉当对笔迹的细心留意使那封监狱来信免遭了被弃之垃圾桶的命运,也为我们的黎曼猜想之旅增添了一段新的故事。

31 与死神赛跑的数学家

身为数学家的韦伊怎么会跑到监狱里去的呢？这还得从他早年的一些经历说起。

法国数学家韦伊（1906—1998）

韦伊是一位早熟的数学家，自九岁开始就在一份中学数学刊物上崭露头角，对数学的喜爱可以说是达到了着迷的程度。据说有一次韦伊不小心摔了一跤，他那后来成为哲学家的妹妹所想到的安慰办法，居然是立刻去把他的数学书找来。十六岁时，韦伊进了一所名为 École Normale Supérieure 的学校，这个校名翻译成中文是一个很土的名字，叫做"高等师范学校"。但莫看名字不起眼，它实际上却是一所为法国先后培养过十二位诺贝尔奖得主及十位菲尔兹奖得主的一流学府。在那里,韦伊参加了曾经证明过素数定理(参阅第 7 章)的著名数学家阿达马的讨论班,并开始研读包括黎曼在内的一些数学大师的著作。此外,他还结交了精研印度及东方文化的教授列维(Sylvain Lévi,1863—1935)。受后者影响,韦伊一生都对印度文化怀有浓厚兴趣。自十九岁起,韦伊开始在欧洲各地游历,每到一处都结交了不少朋友。1930—1932 年间,他到自己神往已久的印度生活了两年多,亲自接触了这个古老国度的古老文化。1935 年,他还访问了苏联,结识了一些苏联数学家。

但他万万不曾想到的是,对印度文化的钟爱及与苏联数学家的友谊在不久之后将给他带来巨大的麻烦,甚至险些让他葬身在异国他乡。

受印度教中某些和平主义思想的影响,在"二战"前夕的 1939 年夏天,韦伊作出了逃避兵役的决定。为此,他和妻子来到了北欧国家芬兰,打算以此为跳板前往美国。在芬兰期间,他沿袭了自己喜好游历的习惯,一边在各处旅行,一边与几位苏联数学家展开通信联络,讨论数学问题。几个月后,"二战"爆发,芬兰与苏联的关系趋于紧张,韦伊与苏联人的通信开始引起芬兰方面的警惕:一个外国人,不远千里,来到芬兰,专门与苏联人联系,这是什么行为?芬兰方面的警惕很快就变成了韦伊的厄运。1939 年 11 月底,苏芬战争爆发,韦伊这位曾经访问过苏联,当时仍与苏联人频繁通信,甚至还很巧合地在战争爆发前夕游历到苏芬边境过的法国人,几乎立刻就被当成苏联间谍抓捕归案。

在韦伊的物品中,芬兰警察发现了俄文信件,其中还夹带着疑似间谍符号的奇怪记号(其实是数学符号)。① 此外,芬兰警察还发现了一个名叫布尔巴基的可疑人物的卡片。这就让事情更说不清了,因为布尔巴基是韦伊等人为布尔巴基学派所取的笔名(跟间谍的化名差不多),而那卡片则只不过是韦伊等人发挥自己的幽默感制作出的道具。可惜战云笼罩下的芬兰警察没有心情玩幽默,数学符号也好,幽默道具也罢,通通被视为了间谍证据——至于你信不信,芬兰警察反正信了。

韦伊帮苏联人做间谍一事就这样被定了罪——而且是死罪。他的人生之旅走到了最危险的时刻。

在这冰天雪地的异国他乡,有什么人能将他从死神手里救回呢?

临刑前的傍晚,韦伊在冰冷的死牢中等待最后一个黑夜的降临,当地的警察局局长却正在参加一个热闹的晚宴。人生的际遇有时是很有戏剧性的。与苏联人讨论数学看似无害,却为韦伊带来了死罪;而警察局局长的晚宴看似无益,却成了韦伊的救命稻草。因为参加晚宴的宾客中有一位数学家名叫奈望林纳(Rolf Nevanlinna, 1895—1980)。此人恰好是韦伊的朋友。韦伊在被审讯时曾经提到过这位朋友,可惜没管用,因为谁也不相信一位"苏联间谍"的话,更懒得去核实。奈望林纳是赫尔辛基大学的数学教授,在全世界数学家的行列里虽排不到前列,在芬兰却是很著名的数学家,②名声之大

① 据韦伊后来回忆,那信件是著名苏联数学家庞特里亚金(Lev Pontryagin, 1908—1988)的来信。

② 顺便提一下,奈望林纳的学生当中有一位很著名的人物阿尔福斯(Lars Ahlfors, 1907—1996)。他是第一届菲尔兹奖的得主,所著《复分析》(*Complex Analysis*)一书是该领域最著名的教科书。

甚至连警察局局长也认识。于是警察局局长走到奈望林纳身旁，与他聊起了近日的"打黑"成果。他告诉奈望林纳："我们明天将处决一名间谍，他声称认识您。通常我是不会为这类琐事打扰您的，但既然我们都在这里，我很高兴能有机会直接咨询一下您。"奈望林纳就问："他叫什么名字？"警察局局长回答说："韦伊。"奈望林纳大吃了一惊，自己的朋友居然变成间谍，这真是"眼睛一眨，老母鸡变鸭"了！当然，他对事情的原委是一无所知的，不过他还是建议警察局局长不要处决韦伊，而改为驱逐出境。

这一建议救了韦伊的命。他被芬兰警方送往瑞典边境驱逐出境，瑞典警方随即逮捕了他，将他送往英国，如此几经接力，韦伊于1940年2月被送回到了法国警方手里。法国警方则以"逃避兵役"（desertion）为由将他收押在前面提到的海滨城市鲁昂的军事监狱中，等候判决。

我们在第20章中介绍"独行侠"塞尔伯格时曾经提到过，战争造成的孤立在塞尔伯格眼里有一种全然不同的感觉，他将之比喻为是处在一座监狱里，虽然与世隔绝，却有机会把注意力集中在自己的想法上，从而对研究来说有许多有利的方面。塞尔伯格后来果真利用那样的孤立时光，在黎曼猜想研究中取得了重要进展（即临界线定理）。现在，我们有了一个更好的例子来印证塞尔伯格的感觉，那就是韦伊。与塞尔伯格的比喻不同，韦伊可是货真价实地蹲了监狱，他所取得的成果也确实对得住那样的经历。而且很巧的是，他那成果也与黎曼猜想有关——确切地说是跟"山寨版"的黎曼猜想有关。他那成果原本是应该等到出狱之后才发布的,但死里逃生的经历使他对命运感到了迷惘,为防不测,他决定将成果写成信件先发出去,于是就有了嘉当所收到的那封监狱来信。

韦伊的经历和成果引起了一些数学家的"眼红"。昂利·嘉当在读了父亲转给他的韦伊的监狱来信后,毫不隐讳地向韦伊表示了"羡慕"之心:"我们都没那么幸运,能像你那样不受干扰地坐下来工作。"韦伊的印度朋友、哈代的学生维贾伊拉卡文(Tirukkannapuram Vijayaraghavan,1902—1955)则不止一次地感慨道:"如果能有六个月或一年时间蹲监狱的话,我肯定能证明黎曼猜想。"这种幽默感想必是从他老师哈代那儿学来的,其可信度当然也只能与哈代的明信片相提并论。事实上,如果蹲六个月或一年的监狱就能证明黎曼猜想的话,数学家们肯定是会抢破脑袋去把牢底坐穿的,毕竟,与我们题记所引的蒙哥马利那句话相比,蹲几个月监狱这种代价实在算不上什么。韦伊本人对自己在监狱里取得的成果也深感自豪,在给妻子的信中表示:"我的数学工作进展得超乎我最大胆的期望,我甚至有点担心——假如只有在监狱里才工作得这么好的话,我是不是每年都该把自己关起来两三个月?"

不过,这样"不受干扰"的"好日子"并没有持续太久。1940年5月初,对韦伊的判决下来了,他因逃避兵役被判五年监禁。但这一判决带有一个宽限条件,那就是假如他愿意到战斗部队去服役的话,就可以免除监禁。韦伊接受了这一条件(幽默归幽默,坐牢的滋味毕竟是不好受的)。他没有想到的是,这一选择使他在与死神的赛跑中又一次鬼使神差般地脱了身,因为随着法国在"二战"中的快速退败,仅仅一个多月后,海滨城市鲁昂就落入了德国人手中,尚被关押在军事监狱里的囚犯则全部遭到了德军的枪杀。

战争仍在继续,但不久之后,韦伊利用一份伪造的肺炎证明骗过军方,如愿以偿地实施了当初前往芬兰时就拟定的赴美计划。1941年年初,韦伊全家抵达纽约,开始了全新的生活。到达美国后,他在里海大学、芝加哥大学等地任过教,最终则落户于普林斯顿高等研究所,安然度过了自己的学术晚年。韦伊的一生在数学上有着颇多建树,"山寨版"的黎曼猜想只是他的研究方向之一。韦伊在这一方向上的研究持续了很多年,他虽不是这一方向的开创者,却对其发展起到了承前启后的作用,并且还因这一方向上的研究,而对代数几何(algebraic geometry)的发展起到了促进作用。①

卖了半天关子,这"山寨版"的黎曼猜想究竟是什么样子的呢?说起来有些出人意料,它虽然只是"山寨版"——因而比"正版"简单,但对多数读者来说,它的表述却远比"正版"复杂得多,对科普来说更是堪称坚果。接下来,我们就要来啃一啃这枚坚果(不排除崩坏牙齿的可能性)。

---

① 韦伊没有获得过菲尔兹奖,但他所从事的将代数几何的方法与数论实践相结合的研究,使他于1979年获得了数学界的另一个著名奖项——沃尔夫奖(Wolf Prize)。他所开创的研究领域则使几位其他数学家获得了菲尔兹奖。

32　从模算术到有限域

　　"山寨版"黎曼猜想这枚坚果该从哪里啃起呢？为了彰显将科普进行到底的决心，让我们从中小学算术啃起吧！

　　这并不是搞笑，在它背后其实有一段小小的故事——一段与美苏"冷战"有关的故事。故事发生在半个多世纪前的 1957 年。那一年，苏联先于美国将一颗人造卫星送入了近地轨道，迈出了航天时代的第一步。这一在太平年代可以令全人类共同自豪的成就，由于发生在"冷战"时期，带给美国的乃是巨大的震动和反思。作为反思的结果之一，美国初等教育界兴起了一场以革新教材为主旨的所谓"新数学"（New Math）运动，试图"从娃娃抓起"，加强教育、奋起直追。在这场运动中，许多原本晚得多才讲述的内容被加入到了中小学教材中，其中包括公理化集合论（axiomatic set theory）、模算术（modular arithmetic）、抽象代数（abstract algebra）、符号逻辑（symbolic logic）等。[①] 这种"拔苗助长"般的革新不仅远远超出了普通中小学生的接受能力，甚至也超出了一部分中小学教师的教学能力，因此只尝试了几年就被放弃了。不过对我们来说，这场"小跃进"式的"新数学"运动却是一个很好的幌子，让我们能够宣称从中小学算术开始本章的科普，因为我们将要介绍的"山寨版"黎曼猜想，可以

---

　　① 　与本书的上下文不无巧合的是，这些新内容的选择在一定程度上受到了韦伊参与创立的布尔巴基学派的影响。

从"新数学"当中的一种——模算术说起。

模算术的一个典型的题目是：现在时钟的时针指向 7，请问 8 小时之后时针指向几？这个题目与"7＋8＝?"那样的传统小学算术题的差别，就在于时钟上的数字是以 12 为周期循环的，从而不存在大于 12 的数字。这种带有"周期"的算术题就是典型的模算术题目，它通常被表述为"7＋8＝?（mod 12)"，其中的"(mod 12)"表示以 12 为周期，而这周期的正式名称叫做"模"(modulus)，模算术之名因此而来。①

模算术是数论中一种很有用的工具，数学大腕欧拉、拉格朗日(Joseph-Louis Lagrange，1736—1813)、勒让德等人都使用过，但对它的系统研究则要归功于高斯。1801 年，这位被后世尊为"数学王子"，且当时正值"王子"年龄（24 岁）的数学家在其名著《算术探讨》(*Disquisitiones Arithmeticae*)中系统性地运用了模算术，证明了许多重要命题，并为后世奠定了该领域的若干标准术语。由于讲述模算术的最通俗例子就是上面所举的有关时钟的题目，因此模算术也称为"时钟算术"(clock arithmetic)，而为了纪念高斯对这一领域的巨大贡献，那时钟则被一些科普作家称为高斯时钟(Gauss clock)。

高斯时钟所包含的刻度数目不一定非得像普通时钟那样为 12，而完全可以是其他数目。事实上，对于我们的真正兴趣而言，刻度数

---

① 需要说明的是，普通时钟与以 12 为模的模算术略有差异：前者包含的数字是从 1 到 12，后者则是从 0 到 11。这两者是等价的，因为 12＝0(mod 12)，但后者对数学研究来说更方便，因为否则的话，就必须接受一个不方便的事实，那就是 12 这个看起来非零的数字具有 0 的算术性质。

目为 12 的高斯时钟是一个很糟糕的例子,因为在它上面虽然可以进行加减法和乘法,但作为乘法逆运算的除法却并不是总能够进行的(请读者自行证实这一点)。在数学上,一个集合如果元素之间加、减、乘、除全都可以进行,而且无论怎么折腾,都像孙悟空翻不出如来佛手掌心一样,仍在那集合之中,我们就会给它一个专门的名称,叫做域(field)。① 域的概念在数学上有很大的重要性,并且也是我们真正感兴趣的东西,因为我们熟悉的有理数、实数,以及表述黎曼猜想时用到过的复数的集合全都是域,即将介绍的"山寨版"黎曼猜想也离不开域。而所含刻度数目为 12 的高斯时钟由于无法保证除法的进行,便无法用来表示域,从而是一个很糟糕的例子。

对于域,我们可以将之粗略地分为两类:一类是像有理数、实数和复数的集合那样所含元素数目为无限的,另一类则是所含元素数目为有限的。这两类域各有一个很直白的名字,前者叫做无限域(infinite field),后者叫做有限域(finite field)。我们真正感兴趣的东西粗略地讲是域,确切地说其实是有限域,因为它在某些方面比无限域来得简单,从而是构筑"山寨版"东西的好材料。

虽然所含刻度数目为 12 的高斯时钟——如前所述——无法用来表示域,但某些高斯时钟确实可以用来表示域——当然,这里的域是指有限域。比如,有限域的一个最简单的例子就是只含 0 和 1 两

---

① 在加、减、乘、除这四种运算中,加和乘是基本运算,减和除作为加和乘的逆运算,可以由每个元素相对于加和乘必须存在逆元素(唯一的例外是 0 相对于乘不存在逆元素)这一要求引申出来。此外,我们在小学算术中就已熟悉的交换律、结合律和分配律也是域的定义的一部分,感兴趣的读者请参阅域的完整定义。

个刻度的高斯时钟(请读者自行列出这个有限域中的加、减、乘、除结果),这个有限域通常记为 F_2——下标 2 表示元素的数目(等同于高斯时钟的刻度数目)。

很简单吧? 不愧是中小学算术,但我们的科普很快就要提速了。

既然含有两个元素的有限域记为 F_2,那么大家一定可以推想到,含有 p 个元素的有限域的记号就是 F_p。完全正确! 不过,细心的读者也许会提出一个问题:那就是 p 这个字母在本书中通常是表示素数的,这里为何不用一个更普通的字母,比如 n 呢? 答案是:这是存心的。我们刚才提到过,某些高斯时钟可以用来表示有限域,到底是哪些高斯时钟呢? 正是那些所含刻度数目为素数的高斯时钟。这一点的普遍证明并不困难,感兴趣的读者可以从前面所说的刻度数目为 12 的高斯时钟不能表示有限域的原因入手,来琢磨一下普遍证明的思路。

能够用高斯时钟来表示,对于有限域来说无疑是一个很利于科普的特点,但却不是必不可少的条件。事实上,不能用高斯时钟来表示(即元素数目不是素数)的有限域也是存在的。而更微妙的是,有限域的元素数目虽然可以不是素数,却也不是完全任意的。那么,究竟什么样的元素数目才是可能的呢? 答案是:它必须为素数的正整数次幂。换句话说,如果我们用 F_q 表示有限域,那么 q 只能是 $q = p^n$

$(n=1,2,3,\cdots)$。① 现在我们可以对所含刻度数目为 12 的高斯时钟做出更完整的评价：它确实是一个很糟糕的例子，因为 12 不仅不是素数，连素数的正整数次幂都不是，因此根本就不存在元素数目为 12 的有限域，更遑论用那样的高斯时钟来表示。

好了，从模算术开始，我们引出了有限域这个概念，并宣称这是我们在本章中真正感兴趣的东西。那么，对于有限域，究竟有什么东西值得我们研究呢？答案是：方程。事实上，域的概念的引进，本身就与研究方程有着密切关系，因为减法与除法这两种运算的引进，在很大程度上就是为了研究诸如 $a+?=0$ 和 $a\times?=1$ 那样的方程。研究方程是数学中最古老的探索之一，像方程是否有解？有多少个解（即解的数目）？如何求解？那样的课题，从古至今都有一些数学家在研究。

而对这些课题的研究，往往与在什么域中研究有着很大关系。比如说，曾经难住数学家们长达 358 年（这个纪录连黎曼猜想也未必能打得破）才被解决掉的费马猜想（如今已荣升为费马大定理）如果放到实数域中，根本就不是问题。既然对方程的研究与在什么域中研究有着很大关系，那么有限域上的方程自然也可以成为研究课题，

① 细心的读者可能还会提出这样一个问题：我们用 F_q 来表示元素数目为 q 的有限域，但如果那样的有限域有不止一个怎么办？用什么办法来区分它们呢？答案是，元素数目为 q 的有限域彼此是同构（isomorphic）的，即彼此的元素及运算关系全都是一一对应的。对于数学研究，这样的有限域可以视为等同，从而无需区分。另外补充一点：不仅有限域的元素数目必须为素数的正整数次幂，而且对于任何一个素数的正整数次幂 p^n，都必定存在一个元素数目恰好为 p^n 的有限域。

事实也确实如此。这其中很受数学家们钟爱的一类方程叫做代数方程(algebraic equation),也叫多项式方程(polynomial equation),它只包含变量的整数次幂(费尔马大定理所涉及的方程就是一种代数方程)。我们接下来要讨论的就是有限域上的代数方程。

作为有限域上代数方程的最简单的例子之一,我们考虑有限域 F_q 上的二元代数方程 $F(x,y)=0$。这里 $F(x,y)$ 是一个所有系数及变量 x、y 都在 F_q 中取值的多项式("所有系数及变量 x、y 都在 F_q 中取值"是该方程作为"有限域 F_q 上"的方程所需满足的定义性条件)。我们知道,像 $F(x,y)=0$ 这样的二元代数方程在实平面上的解(即 x、y 都为实数的解)的集合通常是曲线,借用这种术语,数学家们把二元代数方程 $F(x,y)=0$ 的解的集合称为代数曲线(algebraic curve),①如果该二元代数方程是有限域上的方程,相应的解的集合则称为有限域上的代数曲线。当然,这种所谓的"曲线"实际上只是有限多个点的集合,因为它所在的整个"平面"$F_q\times F_q$ 总共也只有 q^2 个点。

另一方面,一个代数方程 $F(x,y)=0$ 如果是有限域 F_q 上的方程,当然也是以 F_q 为子域(subfield)、但比 F_q 更大的有限域上的方

---

① 效仿普通解析几何的做法,由 $F(x,y)=0$ 的解的集合所定义的代数曲线本身也可以用 $F(x,y)=0$ 来表示,称为代数曲线 $F(x,y)=0$。另外要提醒读者的是,代数曲线不仅可以用像 $F(x,y)=0$ 那样的代数方程来表示,也可以用方程组来表示,就好比普通空间中的曲线——比如一个圆——既可以用一个方程——比如 $x^2+y^2=1$——来表示,也可以用方程组——比如 $x^2+y^2+z^2=1$ 和 $z=0$——来表示。为行文简洁起见,我们在正文中一律以方程为例。

程,从而可以表示那些更大的有限域上的代数曲线。那些更大的有限域称为 F_q 的扩张域(extension field)。可以证明,F_q 的扩张域是那些所含元素个数为 q 的正整数次幂的有限域,即 F_{q^m} ($m = 1, 2, 3, \cdots$)。因此,有限域 F_q 上的代数方程 $F(x, y) = 0$ 可以被视为是所有有限域 F_{q^m} ($m = 1, 2, 3, \cdots$)上的代数方程。

以上这些貌似与黎曼猜想风马牛不相及的东西,就是"山寨版"黎曼猜想赖以存身的那座"山"。

33 "山寨版"黎曼猜想

现在我们要往"山寨版"黎曼猜想挺进了。由于黎曼猜想是关于黎曼 ζ 函数零点分布的猜想，因此很明显，要想有黎曼猜想，首先得有黎曼 ζ 函数。只不过，黎曼猜想如果是"山寨版"的，作为其"核心部件"的黎曼 ζ 函数当然也只需是"山寨版"的即可。这"山寨版"的黎曼 ζ 函数从何而来呢？正是从有限域上的代数曲线中来。

为此，我们要引进有限域上代数曲线 $F(x,y)=0$ 的一个重要性质，那就是它所含点的数目。这个性质之所以重要，因为它实际上就是有限域上代数方程 $F(x,y)=0$ 的解的数目。如前所述，解的数目对于研究方程来说是一个重要课题，相应地，所含点的数目对于代数曲线来说也是一个重要性质。我们在前面说过，有限域 F_q 上的代数方程 $F(x,y)=0$ 可以被视为是所有有限域 F_{q^m} $(m=1,2,3,\cdots)$ 上的代数方程。用代数曲线的语言来说，这意味着有限域 F_q 上的代数曲线 $F(x,y)=0$ 可以被视为是所有有限域 F_{q^m} $(m=1,2,3,\cdots)$ 上的代数曲线。另一方面，代数曲线 $F(x,y)=0$ 所含点的数目，或代数方程 $F(x,y)=0$ 的解的数目，显然是与定义域 F_{q^m} 的选取有关的。为了体现这种关系，我们用 N_m 表示定义域为 F_{q^m} 时的这一数目。

有了这些准备，现在我们可以定义"山寨版"的黎曼 ζ 函数了，那就是

$$\zeta_C(s) = \exp\Big(\sum_{m=1}^{\infty} N_m(C)\,\frac{q^{-ms}}{m}\Big).$$

如此定义的"山寨版"黎曼 ζ 函数与"正版"黎曼 ζ 函数一样,是关于复变量 s 的函数,它有一个比较正式的名字,叫做有限域上代数曲线的 ζ 函数。在这一函数的定义中,我们特意引进了一个表示代数曲线的字母 C,因为此定义所给出的函数显然与代数曲线的选取有关;定义中的 q 则来自代数曲线 C 的原始定义域 F_q 中的 q(q 不出现在左侧,是因为表示代数曲线的 C 已经包含了 F_q 这一定义域信息,从而包含了 q)。

有了"山寨版"的黎曼 ζ 函数,我们就可以表述有关其零点分布的"山寨版"黎曼猜想了。由于这个猜想是关于有限域上代数曲线的 ζ 函数零点分布的,因此我们称其为有限域上代数曲线的"山寨版"黎曼猜想。

有限域上代数曲线的"山寨版"黎曼猜想:有限域上代数曲线的 ζ 函数的所有零点都位于复平面上 $\text{Re}(s) = 1/2$ 的直线上。

由于"山寨版"黎曼 ζ 函数与代数曲线的选取有关,而后者有无穷多种,因此上述"山寨版"黎曼猜想实际上是无穷多个猜想的统称。对于特定的代数曲线及原始定义域,该猜想可以通过对"山寨版"黎曼 ζ 函数的直接计算加以验证,有些甚至是相当容易的,但涵盖所有代数曲线及原始定义域的普遍证明却大为不易。

我们在第 32 章中曾经提到,韦伊并不是"山寨版"黎曼猜想这一研究方向的开创者。事实上，早在 1923 年，奥地利数学家阿廷（Emil Artin，1898—1962）就提出了有限域上一类被称为超椭圆曲线[①]（hyperelliptic curve）的特殊代数曲线上的 ζ 函数，以及相应的"山寨版"黎曼猜想。1933 年，德国数学家哈塞（Helmut Hasse，1898—1979）则证明了有限域上一类被称为椭圆曲线[②]（elliptic curve）的特殊代数曲线上的"山寨版"黎曼猜想（请注意，阿廷只是提出猜想，哈塞则是证明猜想，而且两人所针对的是不同情形下的猜想——前者针对超椭圆曲线，后者针对椭圆曲线）。

阿廷的猜想及哈塞的证明虽都有一定的广泛性（各自都涵盖了无穷多的个例），但针对的仍只是特定类型的代数曲线。韦伊的贡献则在于给出了上述"山寨版"黎曼猜想的普遍证明（即针对任意代数曲线的证明）。不过，在第 32 章提到的他给嘉当的信件中，他给出的只是证明的大致思路，完整的证明直到"二战"结束后的 1948 年才发表。韦伊对"山寨版"黎曼猜想的贡献还不止于此。完成了对上述猜想的证明后的第二年，即 1949 年，韦伊对该猜想进行了一次重要推广。这个推广的证明是如此困难，不仅他自己未能给出，在接下来二十四年的时间里，参与研究的所有其他数学家也都未能给出完全的证明。他的这一推广因而被称为韦伊猜想（Weil conjectures）。

韦伊猜想包含了若干个命题，"山寨版"黎曼猜想是其中之一，并

---

①　超椭圆曲线是指形如 $y^2 = f(x)$，其中 $f(x)$ 为满足特定条件的四次以上多项式，的代数方程所表示的代数曲线。

②　椭圆曲线是指形如 $y^2 = f(x)$，其中 $f(x)$ 为满足特定条件的三次多项式，的代数方程所表示的代数曲线。

且从历史上讲是证明最为不易的一个。不过,韦伊猜想中的"山寨版"黎曼猜想的证明虽然困难,其由来却是对上述"山寨版"黎曼猜想的很直接的推广,即将上述猜想中的代数曲线推广为高维几何对象。这种高维几何对象有一个专门的名称,叫做代数簇(algebraic variety),它也是用代数方程(或方程组)来定义的,并且也可以定义在有限域上。与有限域上代数曲线的 ζ 函数完全类似地,也可以引进有限域上代数簇的 ζ 函数。对于这种 ζ 函数,也存在"山寨版"的黎曼猜想,我们称其为有限域上代数簇的"山寨版"黎曼猜想,它是韦伊对有限域上代数曲线的"山寨版"黎曼猜想的推广,也是韦伊猜想的一部分。

有读者可能会问:将曲线推广为高维几何对象这样直截了当的推广,那是中学生都能想到的事情,为何要等到 1949 年才问世? 答案是:有限域上代数簇的"山寨版"黎曼猜想与普通(即有限域上代数曲线的)"山寨版"黎曼猜想以及"正版"黎曼猜想有一个绝非显而易见的差异,那就是它所要求的零点分布不再是单一直线,而是与代数簇的维数有关的一系列直线。具体地说,韦伊猜想中的"山寨版"黎曼猜想是这样的:

有限域上代数簇的"山寨版"黎曼猜想:有限域上的 d 维代数簇的 ζ 函数的所有零点都位于复平面上 $\mathrm{Re}(s)=1/2,3/2,\cdots,(2d-1)/2$ 的直线上。

如前所述,这一"山寨版"黎曼猜想只是韦伊猜想的一部分,而非全部。韦伊猜想还包括了关于有限域上代数簇的 ζ 函数的另外几个命题。虽然与普通(即有限域上代数曲线的)"山寨版"黎曼猜想及"正版"的黎曼猜想都有所不同,这个推广了的"山寨版"黎曼猜想与后两者的相似性还是很显著的,不算有负"山寨版"的"光荣称号"。此外,在 $d=1$ 的特殊情况下,该猜想可以自动给出有限域上代数曲线的"山寨版"黎曼猜想,这也印证了它作为"山寨版"黎曼猜想的地位。

韦伊猜想提出后引起了很多数学家的兴趣,在试图证明这一猜想的数学家中,包括了阿廷的学生迪沃克(Bernard Dwork,1923—1998)、阿廷的儿子迈克尔·阿廷(Michael Artin,1934—)、1954 年菲尔兹奖得主塞尔(Jean-Pierre Serre,1926—)、1966 年菲尔兹奖得主格罗滕迪克(Alexander Grothendieck,1928—2014)等人。经过这些数学家的努力,韦伊猜想的某些部分在 20 世纪 60 年代得到了证明,但有限域上代数簇的"山寨版"黎曼猜想部分,则直到 1974 年才由格罗滕迪克的学生、比利时数学家德利涅(Pierre Deligne,1944—)所证明,他的证明借助了格罗滕迪克的工作。四年之后,德利涅因这一工作获得了 1978 年的菲尔兹奖。在证明包括"山寨版"黎曼猜想在内的韦伊猜想的过程中,数学家们发展出了一些很有用的东西,比如格罗滕迪克创立了一种全新的数学工具:平展上同调(Étale cohomology),对数学——尤其是代数几何——的发展起到了促进作用。从这个意义上讲,"山寨版"黎曼猜想与其他一些重要的数学猜想一样,是一只"下金蛋的鹅"(the goose that lays the golden egg——这是希尔伯特对费马猜想的评价)。这也是它的证明虽迄今不曾为人们提供证明"正版"黎曼猜想的有效思路,①却依然被视为重要成就的主要原因。当然,"山寨版"黎曼猜想的证明,多多少少使一些人对"正版"黎曼猜想的成立抱有了更大的信心。

在结束本章前,还有一件事情需要交代一下。细心(或挑剔?)的读者也许还会提出这样一个问题:我们说了半天的"山寨版"黎曼猜想,作为基础的那个所谓"山寨版"黎曼 ζ 函数跟"正版"黎曼 ζ 函数并不像啊?难道就凭它的零点也都在直线上,就将它称为"山寨版"黎曼 ζ 函数,继而将有关其零点分布的猜想称为"山寨版"黎曼猜想吗?如果那样的话,炮制"山寨版"黎曼猜想可就忒容易了,因为构造一个所有零点都在直线上——甚至在 $\mathrm{Re}(s)=1/2$ 的直线上——的函数其实是很容易的事情(请读者自行构造几个那样的函数),难道那样一来它们就都可以跟黎曼猜想攀上亲?

这些问题的答案是:这里引进的"山寨版"黎曼 ζ 函数及黎曼猜想与"正版"黎曼 ζ 函数及黎曼猜想的相似性,绝不仅仅是因为它们的零点都分布在直线上,而有着更深层的理由。比方说,"山寨版"黎曼 ζ 函数跟"正版"黎曼 ζ 函数一样,可以写成类似于欧拉乘积公式

---

① 韦伊年轻时曾对"山寨版"黎曼猜想有可能为"正版"黎曼猜想提供借鉴或证明抱有乐观看法。他甚至设想,如果自己因此而证明黎曼猜想的话,将会有意推迟到 1959 年——黎曼猜想提出 100 周年时——才公布。不过,他的这种乐观态度到晚年时已不复存在,他曾对一位友人表示,自己希望能在有生之年看到黎曼猜想的解决,但这是不太可能的。

那样的表达式,而且也满足类似于"正版"黎曼 ζ 函数所满足的函数方程。不仅如此,与"正版"黎曼猜想的成立可以给出对素数分布的最佳估计(即与素数定理之间的最小偏差——参阅第 5 章)相类似,"山寨版"黎曼猜想的成立可以给出对有限域上代数簇所包含的点的数目(即定义代数簇的方程或方程组在有限域上的解的数目)的某种最佳估计。可惜的是,这些结果,以及"山寨版"黎曼猜想的证明,都不是省油的灯(比方说"山寨版"黎曼 ζ 函数所满足的函数方程——对有限域上的代数簇而言——其实是韦伊猜想的一部分)。考虑到它们毕竟只是关于"山寨版"的,而我们还想保留几颗牙齿去啃点儿别的东西,在这个方向上就不多逗留了。如果本章的介绍让读者大致知道了"山寨版"黎曼猜想是怎么一回事,比诸如"它是黎曼猜想在代数簇上的类似物"之类口诀式的介绍强一点儿,我们的目的就算达到了。

聊完了"山寨版"的黎曼猜想,接下来,我们要走向另一个极端,去领略几款"豪华版"的黎曼猜想。

34 "豪华版"黎曼猜想

本章我们来介绍"豪华版"的黎曼猜想。所谓"豪华版",顾名思义,就是要比"普通版"更高一筹,后者有的前者都得有,而且还得有新东西。对于数学命题来说,这意味着得比原命题更强、更普遍,将原命题包含为自己的特例。那样的命题如果成立,原命题就自动成立,但反过来则不然(否则两者就等价了,对不住"豪华版"这一光荣称号)。

"豪华版"黎曼猜想与第 33 章介绍的"山寨版"黎曼猜想虽分属不同类别,有一点却是共同的,那就是都得从对黎曼 ζ 函数的变通入手,因为黎曼猜想所关注的无非就是黎曼 ζ 函数非平凡点零点那些事儿,对它的各种变通,归根到底也就是对黎曼 ζ 函数的变通。只不过"山寨版"黎曼猜想中的黎曼 ζ 函数只需与普通黎曼 ζ 函数有抽象的对应即可,而"豪华版"黎曼猜想中的黎曼 ζ 函数却必须将后者包含为自己的特例,以保证猜想的"豪华"性。黎曼猜想的"豪华版"有不止一款,我们将着重介绍其中有代表性的两款。

我们首先介绍一款较浅显的,叫做广义黎曼猜想(generalized Riemann hypothesis)。当然,这里所谓的"浅显",绝不是指容易证明(挂有"黎曼猜想"这一招牌的东西哪会有容易证明的),而是指相对来说比较容易介绍。这一"豪华版"黎曼猜想所采用的变通后的黎曼 ζ 函数叫做狄利克雷 L 函数(Dirichlet L-function),它是一个级数的解析延拓,那个级数叫做狄利克雷 L 级数(Dirichlet L-series),通常记为 $L(s, \chi_k)$,其定义是(k、n 为正整数)

$$L(s, \chi_k) = \sum_n \chi_k(n) n^{-s} \quad (\mathrm{Re}(s) > 1)。$$

读者们想必还记得,普通黎曼 ζ 函数也是一个级数,即(n 为正整数)

$$\zeta(s) = \sum_n n^{-s} \quad (\mathrm{Re}(s) > 1)$$

的解析延拓(不记得的读者请参阅第 2 章)。这个级数有一个不太常用的名称,叫做 p 级数(p-series)。这个名称之所以不常用,是因为它一般只表示 s 为实数的情形,比上述黎曼 ζ 函数的级数表达式的定义域小得多。不过为行文方便起见,我们在本章中将用它来称呼上述级数。

对比这两个级数,不需要很厉害的眼力就可以看出两者的相似性,以及狄利克雷 L 级数是 p 级数的推广这一表观特点——因为后者无非就是前者中各项系数 $\chi_k(n)$ 全都等于 1 的特例。不过,要想确认这一表观特点,必须得知道 $\chi_k(n)$ 的定义,尤其是得知道 $\chi_k(n)$ 是否真的能全都等于 1,因为 $\chi_k(n)$ 并不是任意的系数,而是一组被称为狄利克雷特征(Dirichlet character)的东西,[①]它们能否全都等于 1 不是可以随意假定的,而必须是由定义来决定。那么,$\chi_k(n)$ 的定义是什么呢? 是由以下三个条件共同构成的(k 为正整数,m、n 为整数):

(1) 对一切 n,$\chi_k(n) = \chi_k(n+k)$;

(2) 对一切 m 和 n,$\chi_k(m)\chi_k(n) = \chi_k(mn)$;

---

① 更具体地说,$\chi_k(n)$ 是所谓模为 k 的狄利克雷特征(Dirichlet character to the modulus k)。另外,对于狄利克雷 L 函数的某些方面——比如函数方程——的研究往往要求 k 为 $\chi_k(n)$ 的最小模——即不存在 k 的因子 $d<k$,使得对一切 n,$\chi_k(n) = \chi_d(n)$。这样的狄利克雷特征也被称为原狄利克雷特征(primitive Dirichlet character)。

(3) 对一切 n,若 k 和 n 互素,则 $\chi_k(n)\neq 0$,否则 $\chi_k(n)=0$。

由上述定义不难证明(请读者自行完成),对一切 n,$\chi_1(n)=1$。因此 $\chi_k(n)$ 全都等于 1 的确是 $\chi_k(n)$ 的一组可能的取值(即 $k=1$ 的特殊情形)。这表明狄利克雷 L 级数确实是 p 级数的推广。当然,这也意味着作为相应级数解析延拓的狄利克雷 L 函数是黎曼 ζ 函数的推广。

与 p 级数在 $\mathrm{Re}(s)>1$ 的区域内可以写成连乘积表达式(即欧拉乘积公式)相类似,狄利克雷 L 函数在 $\mathrm{Re}(s)>1$ 的区域内也可以写成连乘积表达式:

$$L(s,\chi_k) = \prod_p \left[1-\chi_k(p)p^{-s}\right]^{-1}。$$

其中右边的连乘积针对所有的素数进行。与黎曼 ζ 函数及欧拉乘积公式包含了素数分布的信息(参阅第 3 章)相类似,狄利克雷 L 函数及上述连乘积表达式可以用来研究算术级数[1](arithmetic progression)中的素数分布。1837 年,德国数学家狄利克雷(Johann Dirichlet,1805—1859)进行了那样的研究,得到了所谓的狄利克雷算术级数定理(Dirichlet's theorem on arithmetic progressions)。[2] 他那项研究在数论历史上有着重要地位,被视为是解析数论(analytic

_____

[1] 这里所说的算术级数(arithmetic progression)是指形如 $n,n+k,n+2k,\cdots$ 的序列(n、k 为正整数)。中文译名"算术级数"(也叫"等差级数")来自《英汉数学词汇》(科学出版社,1987 年第二版)。不过这一译名在我看来并不恰当,因为"级数"一词对应于英文的 series,通常是指序列的和,与 arithmetic progression 所指的序列本身颇为不同。如果让我来建议的话,arithmetic progression 宜译为"算术序列"或"等差序列"。

[2] 狄利克雷算术级数定理的内容是:如果正整数 n 和 k 互素,则序列 $n,n+k,n+2k,\cdots$ 中存在无穷多个素数。狄利克雷对这一定理的证明方法类似于我们在第 3 章中介绍过的欧拉(利用欧拉乘积公式)对素数有无穷多个这一命题的证明。

number theory)这一分支领域的开山之作。正是为了纪念狄利克雷的重大贡献,人们以他的名字命名了狄利克雷 L 级数、狄利克雷 L 函数,以及狄利克雷特征等术语。

可以证明,狄利克雷 L 函数作为狄利克雷 L 级数的解析延拓,与黎曼 ζ 函数一样,是复平面上的亚纯函数(其定义参阅第 2 章)。狄利克雷 L 函数与黎曼 ζ 函数的相似性是相当广泛的,比如它也满足类似于黎曼 ζ 函数所满足的那种函数方程。此外,狄利克雷 L 函数的零点也有平凡与非平凡之分,非平凡零点也全都位于 $0<\mathrm{Re}(s)<1$ 的带状区域(即临界带)内。而所谓的广义黎曼猜想,则是宣称狄利克雷 L 函数的所有非平凡零点也全都位于 $\mathrm{Re}(s)=1/2$ 的直线(即临界线)上,即

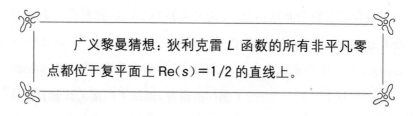

> 广义黎曼猜想:狄利克雷 L 函数的所有非平凡零点都位于复平面上 $\mathrm{Re}(s)=1/2$ 的直线上。

由于狄利克雷 L 函数是黎曼 ζ 函数的推广,因此广义黎曼猜想显然是黎曼猜想的推广。在所有"豪华版"黎曼猜想中,广义黎曼猜想是被引述得最为广泛的,有大量数学命题的成立是以这一猜想的成立为前提的。① 不仅如此,与黎曼猜想的成立可以给出对素数分

---

① 这种命题的一个例子是所谓的弱哥德巴赫猜想(Goldbach's weak conjecture),也叫做奇数哥德巴赫猜想(odd Goldbach conjecture),即任意大于 7 的奇数都可以表示成三个奇素数之和。1997 年,数学家们证明了:倘若广义黎曼猜想成立,则弱哥德巴赫猜想也成立。

布的最佳估计相类似,广义黎曼猜想的成立可以给出对算术级数中的素数分布的最佳估计。

我们要介绍的第二款"豪华版"黎曼猜想叫做扩展黎曼猜想(extended Riemann hypothesis)[①],它所采用的变通后的黎曼 ζ 函数则叫做戴德金 ζ 函数(Dedekind zeta function),是以德国数学家戴德金(Richard Dedekind,1831—1916)的名字命名的。这一函数也是一个级数的解析延拓,只不过该级数的定义是需要多费一些口舌才能介绍清楚的。我们先把定义写下来:

$$\zeta_K(s) = \sum_I N(I)^{-s} \quad (\mathrm{Re}(s) > 1)。$$

粗看起来,这个定义并不复杂,与普通黎曼 ζ 函数的 p 级数表达式相比,只不过是在左侧的函数名称上添了一个下标 K,把右侧级数中的 n 换成 $N(I)$,再把对 n 的求和换成了对 I 的求和而已。不过,这种简单性纯粹是数学符号的简洁性带来的掩人耳目的表面现象。事实上,这里的每一处看似细小的差别,即 K、I 和 $N(I)$ 的背后都大有文章。我们先把它们的名称写下来,让大家感觉一下它们一个比一个递进的陌生性。它们的名称是什么呢?

• K 是数域;

---

① extended Riemann hypothesis 似乎尚无标准中译名,有时也被称为"广义黎曼猜想"。extended Riemann hypothesis 与 generalized Riemann hypothesis 之间的这种名称混淆不仅存在于中文中,也存在于英文中。在个别英文资料中这两者的名称与内容间的对应与本章介绍的恰好相反,此外也有人用 generalized Riemann hypothesis 来表示类似于本节末尾提到的 grand Riemann hypothesis 那样更"豪华"的黎曼猜想。但多数文献对这两个猜想的命名方式与本章介绍的相同。

- I 是数域 K 的整数环的非零理想；
- $N(I)$ 是数域 K 的整数环的非零理想 I 的绝对范数。

如果你不是很熟悉代数学的话，上面这些名称看了估计就跟没看一样——如果不是更犯晕的话。数学是一个高度抽象的领域，试图了解一个陌生数学分支中的概念，有时就像初学英语者拿着英英词典（English-English dictionary）查找单词一样，往往在查找到的解释之中又夹杂着新的陌生词汇，大有发生"链式反应"（chain reaction）之势。上面的努力就是一个例子，我们想知道什么是戴德金 ζ 函数，于是查找到它的级数表达式，但在级数的定义中却冒出了诸如"数域"（number field）、"整数环"（ring of integer）、"理想"（ideal）、"绝对范数"（absolute norm）之类的陌生名称。而为了解释这些陌生名称，天知道会不会遇到其他陌生名称。但既然我们已决定要介绍"豪华版"黎曼猜想，就只好硬着头皮一个一个啃下去了。

先说说"数域"这个概念。这是一个相对简单的概念，对多数读者来说，可能是上述诸名称中唯一一个眼熟的概念，尤其是我们在第 32 章中还刚刚介绍过什么是"域"。但简单归简单，它却也没有简单到可以望文生义成"数字组成的域"（否则它跟"域"基本就是一回事了）。那么，究竟什么是数域呢？它是有理数域（field of rational numbers）的有限次代数扩张域（finite algebraic extension field）。果然，不解释还好，一解释"链式反应"就又来了：什么是有理数域的"代数扩张域"？什么又是"有限次"代数扩张域呢？所谓有理数域的代数扩张域，指的是那样一个域，其中所有元素都是系数为有理数的代数方程的解(忘了什么是"代数方程"的读者请温习第 32 章)。那样的元素(即数域中的"数")被称为代数数(algebraic number),而数域本身则因此也被称为代数数域(algebraic number field)。数域的一个很简单的例子是所有形如 $a+b\sqrt{2}$(a、b 为有理数)的数构成的域(请读者自行证明这样的数构成一个域,并且每个这样的数都是一个系数为有理数的代数方程的解)。$a+b\sqrt{2}$ 这一形式让人联想起向量空间(vector space)中用一组基(basis)表示向量的做法——其中 1 和 $\sqrt{2}$ 扮演基的作用,a 和 b 则是任意向量在该组基下的分量。这种从向量空间角度看待代数扩张域的做法有一定的普适性,相应的向量空间的维数(对 $a+b\sqrt{2}$ 这一例子来说是 2)称为代数扩张域的度数(degree)。度数有限的代数扩张域就称为有限次代数扩张域。这样我们就解释了什么是有理数域的有限次代数扩张域,即数域了。①

接下来说说数域的"整数环"这一概念。要说整数环,首先得说说"整数",因为这里所谓的整数并不仅仅是大家在小学课上学过的那些整数,而是所谓的代数整数(algebraic integer)。我们上面说过,数域中的元素都是代数数,即系数为有理数的代数方程的解。如果那代数方程的系数不仅为有理数,而且是整数,并且首系数(即幂次

---

① 中文中常见的"实数域"、"复数域"那样的名称容易给人一个错觉,以为实数、复数的全体也构成数域。其实,它们的全体虽然构成域,却并不是数域,因为它们并不是有理数域的代数扩张域,更不是有限次代数扩张域。这方面英文的名称比较好,在英文中"实数域"、"复数域"分别是"field of real numbers"和"field of complex numbers",突出了"field"(域)的概念,却不包含"number field"(数域)这一组合,从而不像中文那样容易望文生义。

最高项的系数)为1,那么它的解就是所谓的**代数整数**。① 粗看起来,这种数跟整数似乎没什么共同点,它们为什么被称为代数整数呢?原因有好几条:

- 首先,所有普通整数都是代数整数(请读者自行证明)。
- 其次,所有代数数都可以表示为代数整数的商,就如同所有有理数都可以表示为普通整数的商。
- 最后,代数整数与普通整数一样,对加法、减法和乘法封闭,但对除法不封闭(即两个代数整数的商未必仍是代数整数)。

可以证明,一个数域中的所有代数整数构成一种特殊的代数结构,叫做**环**(ring)。环这一概念是戴德金提出的(名称则是希尔伯特引进的),它是一种其定义比域更简单的结构,相当于在域的定义中去除了乘法交换律及每个非零元素存在乘法逆元素这两个要求。② 由一个数域 K 中的所有代数整数构成的环就叫做该数域的**整数环**。作为一个例子,如果数域是有理数域,则可以证明代数整数正好就是普通整数(事实上,对任意数域,一个代数整数如果是有理数,它就必定是一个普通整数),而整数环则恰好就是全体整数的集合,即整数集。

---

① 这里要说明的是:系数为有理数的代数方程实际上等价于系数为整数的代数方程(请读者自行证明),因此代数整数定义中的系数是整数并不是新要求,真正的新要求是在系数为整数的情况下进一步要求首系数为1。另外顺便说一下,首系数为1的代数方程有一个专门名称,叫做首一代数方程(monic algebraic equation)。

② 当然,这是指环的一般定义,对于整数环来说,由于其元素都是数域中的数,因此乘法交换律是自动满足的。另外要提醒读者注意的是,有些文献在环的定义中还去除了乘法结合律,在这种定义下满足乘法结合律的环(即普通定义中的环)被称为结合环(associative ring)。

　　说完了整数环,再说说整数环的"理想"。这"理想"当然绝不是中国大陆读者们从小耳熟能详的"无产阶级革命理想"之类的东西,而是一个不折不扣的数学概念。这个概念也是戴德金提出的,是环的一种子集,是对德国数学家库默尔(Ernst Kummer,1810—1893)早些时候提出的一个叫做"理想数"(ideal number)的概念的推广(其名称也由此而来)。对于我们所讨论的情形来说,理想是整数环的一个子集,对加法、减法和乘法封闭,包含零元素,并且它的任意元素与整数环的任意元素的乘积仍在该子集内。① 从某种意义上讲,理想这个概念跟"0"这个概念有一定的相似性,因为 0 乘以任何数仍然是0,与理想所满足的"它的任意元素与整数环的任意元素的乘积仍在该子集内"相似。事实上,以 0 为唯一元素的子集确实是任何环的理想,称为零理想(zero ideal),而理想这个概念与 0 之间的相似性,则可以用来对环中的元素进行约化,即通过把理想视为广义的 0,把通常建立在两个元素之差等于 0 基础上的元素相等概念中的 0 换成理想,而对环中的元素进行分类(大家很快就会看到一个例子)。一个环的理想是不唯一的(否则戴德金 ζ 函数的级数表达式中对理想 I 的求和就没什么意义了),比如对于整数集(即有理数域的整数环)这一特例来说,所有形如 $\{\cdots,-2n,-n,0,n,2n,\cdots\}$($n$ 为非负整数)的集合都是理想(请读者们依据理想的定义予以验证),这种集合通常被记为 $n\mathbf{Z}$($\mathbf{Z}$ 是表示整数集的符号),整数集的所有理想都具有这种

────────────

　　① 对于一般情形,由于环上的乘法未必满足交换律,因此在理想的定义中需区分左乘积与右乘积,相应的理想也有左理想(left ideal)与右理想(right ideal)之分。

形式。

最后要介绍的是理想的"绝对范数"。我们刚才说过,从某种意义上讲,理想这个概念跟"0"这个概念有一定的相似性。这一点,连同整数集的理想是 $n\mathbf{Z}$ (n 为非负整数)这一结果,使我们联想起第 32 章中介绍过的模算术,因为一个以 n 为模的模算术的基本特点就是 n 具有 0 的算术性质——比如在以 12 为模的模算术(即刻度数目为 12 的高斯时钟这一特例)中,12 具有 0 的算术性质(参阅第 32 章的注释)。事实上,不仅 n,所有等于 n 整数倍的数,即形如 $\cdots,-2n$,$-n,0,n,2n,\cdots$ 的数(也就是理想 $n\mathbf{Z}$ 中的所有元素),在以 n 为模的模算术中都具有 0 的算术性质,而任意两个其差等于这种数(也就是属于理想 $n\mathbf{Z}$)的数则被视为相等,这正是我们上面所说的用理想来对环中的元素进行约化的一个例子。一般地讲,用理想对一个环中的元素进行约化类似于模算术的推广,即将两个数的相等定义为其差属于该理想。那么什么是一个理想的绝对范数呢?它就是用该理想对环中的元素进行约化后不同元素的数目。对于整数集的理想 $n\mathbf{Z}$ 这一特例来说,约化后的不同元素只有 n 个,即 $0,1,\cdots,n-1$(这也正是相应的高斯时钟的刻度数目),因此该理想的绝对范数是 n。

这样,我们就走马观花般地完成了对戴德金 ζ 函数的级数表达式的介绍。不仅如此,在介绍的过程中——不知读者们有没有意识到——我们其实已完成了对 K 为有理数域这一特例下戴德金 ζ 函数的计算!计算的结果是什么呢?让我们来挑明一下:

• 首先,在介绍整数环时我们说过,有理数域 K 的整数环恰好就是整数集；

- 其次，在介绍理想时我们说过，整数集的理想 I 全都是形如 $n\mathbf{Z}$ 的集合；

- 最后，在介绍绝对范数时我们说过，理想 $n\mathbf{Z}$ 的绝对范数是 n。

把这些结果合并起来，我们可以看到，对于 K 为有理数域这一特例，戴德金 ζ 函数中对非零理想 I 的求和实际上是对正整数 n 的求和（因为 $n=0$ 所对应的是零理想，从而被排除），而相应的绝对范数 $N(I)=n$，因此戴德金 ζ 函数的级数表达式可以写成（其中数域 K 的符号被换成了有理数域的符号 $\mathbf{Q}$）：

$$\zeta_{\mathbf{Q}}(s) = \sum_n n^{-s} \quad (\mathrm{Re}(s) > 1)。$$

这个表达式大家一定认出来了，它就是普通黎曼 ζ 函数的级数表达式 p 级数。因此，$\zeta_{\mathbf{Q}}(s)=\zeta(s)$，这表明黎曼 ζ 函数是戴德金 ζ 函数的特例，而戴德金 ζ 函数与狄利克雷 L 函数一样，是黎曼 ζ 函数的推广。与后两者一样，戴德金 ζ 函数也可以写成类似欧拉乘积公式的连乘积表达式：

$$\zeta_K(s) = \prod_P [1 - N(P)^{-s}]^{-1},$$

其中连乘积所针对的是所谓的"素理想"（prime ideal），通常表示为 P。这里我们不幸再次遇到了"链式反应"，即"素理想"这一概念。什么是素理想呢？对于我们所讨论的情形来说，它是这样一种理想，如果整数环中的两个数的乘积在该理想之中，那么两个数中至少有一个数本身就在该理想中。对于有理数域的整数环——整数集——来说，一个理想 $n\mathbf{Z}$ 为素理想当且仅当 n 为素数（这一点的证明十分容易,请读者们自己完成)。显然,在这种情况下,上述连乘积公式完全等同于欧拉乘积公式(因为对素理想 P 的求积就是对素数 p 的求积)。

当然,以上介绍的还只是戴德金 ζ 函数在 Re(s)>1 上的级数表达式。不过与狄利克雷 L 函数一样,它也可以被解析延拓为整个复平面上的亚纯函数,而且也满足类似于黎曼 ζ 函数所满足的函数方程。这些结果是德国数学家(又是德国数学家,本章几乎从头至尾都在介绍德国数学家的成果)赫克(Erich Hecke, 1887—1947)所证明的。不仅如此,戴德金 ζ 函数的零点也同样有平凡与非平凡之分,非平凡零点全都位于 0<Re(s)<1 的带状区域(即临界带)内。有了这些结果,扩展黎曼猜想的表述也就一目了然了,那就是:

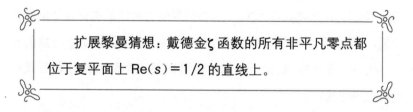

> **扩展黎曼猜想:**戴德金 ζ 函数的所有非平凡零点都位于复平面上 Re(s)=1/2 的直线上。

由于戴德金 ζ 函数是黎曼 ζ 函数的推广,因此扩展黎曼猜想也显然是黎曼猜想的推广,从而是"豪华版"的。

从上面的介绍中我们看到,广义黎曼猜想与扩展黎曼猜想作为普通黎曼猜想的推广,是建立在对黎曼 ζ 函数的两种不同推广之上的,前者是狄利克雷 L 函数,后者则是戴德金 ζ 函数。我们还看到,无论狄利克雷 L 函数还是戴德金 ζ 函数,都与普通黎曼 ζ 函数有着极大的相似性。这种令人瞩目的相似性也许会启示读者问这样一个问题,那就是这些彼此相似的函数是否可以被统一起来,纳入一个更宏大的框架中,成为一类更广泛的函数的特例呢?这是一个好问题,它的答案是肯定的。事实上,狄利克雷 L 函数与戴德金 ζ 函数都是一类被称为自守 L 函数(automorphic L-function)的涵盖面更广泛的函数的特例。大家也许还会进一步问:自守 L 函数是否也有相应的"豪华版"黎曼猜想呢?这也是一个好问题,它的答案也是肯定的。这种涵盖面更广泛的函数也有一个"豪华版"黎曼猜想,堪称"史上最豪华"的黎曼猜想,它的名字很气派,叫做"大黎曼猜想"(grand Riemann hypothesis)①。不过,自守 L 函数这一概念所牵涉的"链式反应"十分剧烈,而建立在这一概念之上的大黎曼猜想的应用却极少(这种应用的多寡主要体现在有多少数学命题以假定其成立为前提),我们就不详加介绍了。在这里,我们只把大黎曼猜想的内容叙述一下(其实不叙述大家应该也已不难猜到),那就是:

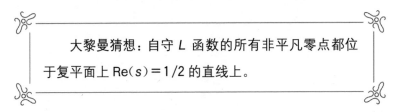

大黎曼猜想:自守 L 函数的所有非平凡零点都位于复平面上 $\mathrm{Re}(s)=1/2$ 的直线上。

当然,这里的"非平凡零点"仍是指位于 $0<\mathrm{Re}(s)<1$(即临界带)内的零点。大黎曼猜想包含了普通黎曼猜想、广义黎曼猜想、扩

---

① grand Riemann hypothesis 似乎也尚无标准中译名,并且如前面注释所说,有时也被混同于 generalized Riemann hypothesis(广义黎曼猜想)。"大黎曼猜想"这一名称是我自拟的译名。

展黎曼猜想,以及若干有名字或没名字的其他"豪华版"黎曼猜想为其特例,它若能被证明,则黎曼猜想这一研究领域几乎就被一锅端了。不过从目前的情况来看,我们距离这一天还差得很远。事实上,别说是大黎曼猜想,有关自守 L 函数的许多简单得多的性质,比如它的解析延拓及函数方程等,也都还是未被普遍证明的东西。

35 未竟的探索

我们的黎曼猜想漫谈到这里就接近尾声了。在过去的一个半世纪里，无数数学家从各种角度为探索这一猜想付出了艰辛的努力，但可惜的是，直到今天它仍是一个未被证明（或否证）的猜想，对这一猜想的探索迄今仍是不断延伸着的未竟的征途。

在数学领域中，超过一个半世纪未能解决的猜想当然不止黎曼猜想一个，比如著名的费马猜想（即如今的"费马大定理"）自提出后隔了超过三个半世纪才被解决；迄今尚未被证明（或否证）的哥德巴赫猜想（Goldbach conjecture）也已存在了两个半世纪以上，黎曼猜想的历史与它们相比还差得很远。但在所有高难度的数学猜想中，若以它们跟其他数学命题之间的关系，乃至与物理学那样的自然科学领域之间的关系（这些关系在很大程度上决定了一个数学猜想的重要性）而论，黎曼猜想可以说是无与伦比的。①

与费马猜想或哥德巴赫猜想那种连中学生都能看懂题意的数学猜想不同，理解黎曼猜想是有一定"门槛"的，因为仅仅理解其表述就需要有一些复分析方面的知识。由于这一特点，这一远比费马猜想和哥德巴赫猜想更重要的数学猜想的公众知名度要远远低于后两者，也较少受到民科们的青睐——当然也绝非没有，但起码是不曾有

---

① 另一个衡量数学猜想重要性的指标，是看在研究该猜想的过程中是否发展出有价值的数学手段。从这个角度上讲，黎曼猜想也是极为重要的。比方说，费马大定理的证明就在一定程度上受益于因研究"山寨版"黎曼猜想而发展起来的代数几何手段。

任何机构收到过数以麻袋计的来信,声称自己证明(或否证)了黎曼猜想(费马猜想和哥德巴赫猜想都曾引发过此等"盛举")。不过,尽管"杂音"相对较少,但在黎曼猜想那样艰深的数学猜想面前,无论多么精英的群体也难免会搞出意外事件来。我们在第 6 章中曾经介绍过一次那样的事件,即荷兰数学家斯蒂尔切斯声称自己证明了一个比黎曼猜想更强的命题,但后来却一直没有发表完整的"证明",最终不了了之。在最近这十几年里,也出现过两次值得一提的事件。在结束我们的漫谈之前,我们先来聊聊这两次事件。

这两次事件中的第一次始于 20 世纪 90 年代,核心人物是法国数学家孔涅(Alain Connes,1947—)。孔涅是一位极有声望的数学家,曾获得过 1982 年的菲尔兹奖,并且是非对易几何(noncommutative geometry)的主要奠基者。20 世纪 90 年代中期时,他开始研究黎曼猜想。对于小道消息相对匮乏的数学界来说,这样一位著名人物开始研究黎曼猜想自然是非同小可的消息。因此早在孔涅正式发表这方面的文章之前,有关他正在研究黎曼猜想的小道消息就在圈内不胫而走,并引起了很多人的兴趣。扑灭小道消息的最好手段无疑是用"官方消息"取而代之。1997 年早春,这样的"官方消息"正式出炉了:孔涅决定到普林斯顿高等研究院,向包括塞尔伯格在内的黎曼猜想研究领域的若干巨头报告自己的工作思路。

孔涅的思路确实颇有来头:既继承了自 20 世纪 70 年代之后颇受瞩目的希尔伯特-波利亚猜想的路子,也借鉴了韦伊和格罗滕迪克等人在研究"山寨版"黎曼猜想的过程中发展起来的代数几何方法,甚至还用上了他自己参与开创的"看家本领"：非对易几何。这几条路子每一条都很能吸引眼球，孔涅居然将它们融会贯通到自己的研究之中，确实不简单，也确实对得起"观众"们的热情。但来到普林斯顿高等研究院听报告的那几位巨头却并不是看热闹的人，那些令常人眼花缭乱的东西，在他们锐利思维的解剖下，被一一还原为冰冷的逻辑，并且显出了漏洞，那就是孔涅所报告的方法存在一个"先天"不足，它无法发现不在临界线上的非平凡零点！这个漏洞是很严重的，因为孔涅的方法如果无法发现不在临界线上的非平凡零点，那它就会营造出一个错觉，让人误以为所有的非平凡零点全都在临界线上。这就好比有一批不是蓝色就是红色的小球，你若戴上一副只能看见其中一种颜色的滤光镜去看它们，就有可能误以为所有小球都是那种颜色的。因此，普林斯顿高等研究院的那几位巨头在孔涅的报告之后所给出的最正面的表示也只是审慎的鼓励，即认为孔涅确实取得了一些进展，但与黎曼猜想的证明仍有相当距离。①

　　这一事件原本就到此为止了，没想到后来却闹出了一点新的意外。孔涅的普林斯顿演讲之后不久恰好是西方社会一个最有趣的节日："愚人节"（April Fools' Day）。很多人在这一天（4月1日）的习惯是互相开玩笑，试图对别人（通常是朋友）进行善意的愚弄，出席过孔涅报告的巨头之一、1974年菲尔兹奖得主邦别里（我们在第14章

---

　　① 据说在对有关黎曼猜想的研究进行评述时有一种比较"规范"的总结词，那就是："这确实是一个重要进展，但如何才能证明黎曼猜想仍不是很清楚"，普林斯顿高等研究院的巨头们对孔涅的评价与那种总结词颇有异曲同工之意。

中曾提到过他)也不例外,他给一位朋友发去了一封"愚人节"邮件,宣称有位年轻的物理学家受孔涅报告的启发,终于完成了黎曼猜想的证明!由于当时数学界很多人正四处打探和传播着有关孔涅工作的消息(尤其是与孔涅的普林斯顿报告有关的消息),邦别里这权威之人发自权威之地的消息一出,收到邮件的数学家朋友当场就中了招,信以为真地把它传了出去。这消息传得很快,甚至连已从普林斯顿回到法国的孔涅本人都很快就知道了,让他颇为不快。

当然,有道是"谣言止于智者",一个"愚人节"玩笑在智者云集的数学家群体中是不会惹出太大动静的,不久之后有关孔涅报告导致黎曼猜想被证明的消息就平息了下去。但这个误传的消息似乎将数学家们对孔涅的兴趣透了支,以至于后来无论是孔涅 1999 年正式发表的论文,还是他在同一方向上的进一步研究,都没有再引起当初那样的关注。不过孔涅本人对此看得很开,他曾经表示:

> 对我来说,数学一直是一所教人谦虚的最好学校。数学之所以有价值,主要就是因为那些极其困难的问题,它们就像数学的喜马拉雅山。登顶是极其困难的,甚至必须为之付出代价,但千真万确的是,如果我们能登顶,那里的风景将是奇妙的。

对于那"必须为之付出"的代价,他在 2000 年发表的一篇文章的开头曾经作过这样的表述:"按我第一位老师肖盖的说法,公开面对一个著名的未解决问题是一种冒险,因为别人将更多地记住你的失败而不是其他。"①尽管如此,孔涅仍选择了冒险攀登数学的喜马拉雅山,因为:"在到达某个年龄之后,我意识到'安全地'等待自己生命的终点同样是一种让自己失败的选择。"

有关孔涅的事件大体就是如此,他目前仍在攀登,虽然已不再是镁光灯下的焦点,我们仍衷心祝愿他取得进展。在孔涅的事件之后又过了几年,2004年,另一个事件发生了:美国普渡大学的数学教授德布朗基(Louis de Branges,1932—)在互联网上张贴了一篇长达124页的论文,宣称自己证明了黎曼猜想! 由于在此前的 2000 年5月,美国克雷数学研究所(Clay Mathematics Institute)已经为七个所谓的"千禧年问题"(Millennium Problems)设立了每个一百万美元的巨额奖励,而黎曼猜想乃是其中排名第四的问题。② 因此德布朗基的宣称立刻引起了一些媒体的关注。

但数学界对此事的反应却相当冷淡。

为什么呢? 这还得从德布朗基是一位怎样的数学家说起,简单地讲,德布朗基堪称是一位史上最离群的数学家。数学界离群的人物为数并不少,但其他数学家再怎么离群,至多是在人际关系上离群,德布朗基却连数学工具也是离群的,他是一个几乎只用自创的数学工具进行研究的家伙,而他自创的数学工具除了他本人和为数有

---

① 孔涅这段话中提到的肖盖(Gustave Choquet,1915—2006)是一位著名的法国数学家,在分析与拓扑等领域做出过重要工作。

② "千禧年问题"的排序不是依照问题的重要性,而是依照问题英文名称的长度进行的。这种排序的目的是使列举"千禧年问题"的新闻稿看起来更加有序,从而更能吸引眼球。

限的几位学生外，几乎无人通晓。这种超乎寻常的离群性大大孤立
了德布朗基，他在数学界的人缘连他自己也不得不承认是很惨的。
更糟糕的是（其实这才是重点），他还是一个工作很粗心的家伙，甚至
颇有民科气质，经常宣称自己证明了重大数学猜想，其中包括对证明
黎曼猜想的多次错误宣称，只不过在"千禧年问题"出炉之前媒体不
太关注而已。当然，德布朗基如果真是一个民科，事情倒简单了，我
们也就不会在这里谈论他了。此人的恼人之处就在于他虽然很有民
科气质，却也真刀真枪地作出过一次正确的宣称，而且所解决的还是
一个有着几十年历史的著名猜想：比贝尔巴赫猜想（Bieberbach
conjecture）——那猜想如今已被称为了德布朗基定理（de Branges's
theorem）。

照理说有过此等业绩，甚至有数学定理以其名字命名的数学家
是不该受到如此冷遇的。而且德布朗基当年对比贝尔巴赫猜想的证
明本身也是在有过几次错误宣称之后，才得到公认的。这似乎在从
历史角度启示人们应该对他有关黎曼猜想的证明给予一点关注（或
同情？）。可惜的是，德布朗基在犯错方面的名声实在太狼藉了，以至
于就连对比贝尔巴赫猜想的证明也不够分量来抵消了。比如塞尔伯
格就毫不客气地嘲笑说德布朗基曾经犯过所有类型的错误，他对比
贝尔巴赫猜想的证明只不过说明他还犯下了"做对了"的错误（made
the mistake of being right）。

德布朗基的"证明"受到数学界的冷遇还有两个重要原因：其中
一个就是我们前面所说的，他几乎只用自创的数学工具进行研究，而

那工具除他本人和几位学生外，几乎无人通晓。这给人们检验他的工作造成了巨大困难。当年他对比贝尔巴赫猜想的证明之所以被接受，乃是几位苏联数学家花费了几个月的时间研读他的证明，并对之进行简化的结果。而此次有关黎曼猜想的文章比当年的证明还要复杂得多，他的名声却比那时更差了，愿意花时间去研读他文章的人自然就更少了。而且要命的是，他的论文还引用了过去几十年他所撰写的其他一些无人问津的论文，从而对读者来说更是"不可承受之重"。另一个也许更致命的原因则是，虽然德布朗基的"证明"受到了数学界的冷遇，但毕竟还是有个别数学家对他的论文进行了粗略光顾。不幸的是，光顾的结果却是发现了缺陷，从而进一步坐实了他的恶劣名声。另外还有人注意到他的论文中有一些"前言不搭后语"的东西，比如序言里反复提到量子力学，正文中却完全没有呼应；文献中列举了外尔的一部著作，正文中也根本没有引用，这一切都让人深切地感觉到黎曼猜想被这位已年过七旬的老人所证明实在是不太可能的事情。也许是因为缺陷遭到曝光的缘故，德布朗基后来撤掉了最初版本的论文，但他并未就此认裁。他的论文几经修改后，口气反而越改越大，目前所宣称的结果甚至比我们在第 34 章中介绍过的"豪华版"黎曼猜想之一的广义黎曼猜想还略强一些。可惜他这第 $N+1$ 次的"狼来了"故事是真的再也无人问津了，更没有学术刊物愿意发表。

这就是有关德布朗基的事件。除德布朗基外，还有一些其他人也宣称过自己"证明"或"否证"了黎曼猜想，他们的论文往往只有寥寥几页或十几页,引起的反响则基本是零,就按下不表了。

接下来我们再聊点趣话。读者们也许还记得,在一百多年前的 19 世纪末,法国数学家阿达马和比利时数学家普森取得了自黎曼提出猜想三十多年以来的第一个实质性进展,即将非平凡零点的分布范围由 $0 \leqslant \mathrm{Re}(s) \leqslant 1$ 缩小到了 $0 < \mathrm{Re}(s) < 1$(参阅第 7 章)。很巧的是,这两人在数学家之中都以长寿著称:阿达马活到 98 岁,普森活到 96 岁。数学界后来流传起了一个说法,那就是如果有人证明了黎曼猜想,他就会不朽——不仅是抽象意义上的不朽(那是毫无疑问的),而且是实际意义上的不朽(即长生不老),因为阿达马和普森这两人仅仅取得了一点点进展,就都活到了将近百岁。当然,这个传说看来是没有关怀到另一些也取得过一点点(有的甚至还不止一点点)进展的数学家,他们可就没那么好命了,比如证明了玻尔-兰道定理(参阅第 22 章)的玻尔和兰道就分别只活了 63 岁和 61 岁。比上述传说更厉害(或更歹毒)的传说则是欧德里兹科(我们在第 16 章中介绍过此人)提出的,是一个与上述传说恰好"互补"的说法,即谁要是否证了黎曼猜想,他就会立刻死去!欧德里兹科甚至开玩笑说其实黎曼猜想已经被否证了,只不过那个否证了黎曼猜想的倒霉蛋没来得及发表文章就死去了。

这些传说当然只能为我们的漫谈增添点趣话,不过,证明或否证黎曼猜想的人会"不朽"或"速死"虽是无稽之谈,黎曼猜想的极度艰深倒确实有可能对数学家的健康产生影响。事实上,数学界的确有人认为黎曼猜想的极度艰深有可能对几位数学家的精神异常起到过一定作用(不过证据都不是很强)。这方面比较著名的例子有两个：
一个是广为流传的传记作品《美丽心灵》(*A Beautiful Mind*)的主
角、美国数学家纳什(John Nash,1928—2015)。20世纪50年代后
期,这位已在博弈论(game theory)等领域做出过重要工作的数学家
对黎曼猜想产生了兴趣。不久之后,他开始宣称自己找到了黎曼猜想
的证明。而数学界此时流传的却是一些有关他罹患精神分裂症
(schizophrenia)的消息。这消息很快得到了证实：1959年,纳什在哥
伦比亚大学作了一次演讲。那次据说意在宣布黎曼猜想证明的演讲
实际上成为了公开展示纳什精神分裂症的场合,他的演讲几乎达到
了语无伦次的程度,到场听讲的数学家们只有用平时很少使用(对著
名同事更是几乎从不使用)的词汇——比如"灾难性的"、"完全是胡
扯"等——才能形容那次演讲的糟糕。纳什罹患精神分裂症的原因,
一般认为是参与军方工作所引致的心理压力,但发病前的那段时间
与他研究黎曼猜想恰好重叠,使得有些人认为黎曼猜想对他的病症
发展有可能起到过推波助澜的作用。

另一个例子的主角是我们在第33章中提到过的、曾经为证明
"山寨版"黎曼猜想(即韦伊猜想的一部分)作过重要铺垫工作的格罗
滕迪克。这位在代数几何等诸多领域有着卓越贡献的数学家也有人
猜测可能是因为研究黎曼猜想的缘故,使得精神出现异常,自20世
纪70年代开始就基本退出了学术界,后来发展到"离家出走",几乎

从世界上消失了。① 人们猜测他目前住在法国南部。关于他在做什么，则众说纷纭，有人说他正在研究一种新的经济学，有人说他在牧羊，而据个别自称与他仍有过交往的数学家说，他已沉溺于对恶魔(devil)的想象不能自拔，比如他相信是恶魔把本应该是 300 000 千米/秒的数值优美的光速变成了很难看的 299 887 千米/秒(细心的读者也许注意到了，这个数值本身就是错的，实际数值应为 299 792.458 千米/秒，不知是格罗滕迪克记错了还是数学家传错了)。格罗滕迪克失踪十几年后，很多人都已搞不清他是否还健在，他却忽然于 2010 年 1 月给自己以前的学生、法国数学家伊路西(Luc Illusie，1940—)写了封亲笔信，宣布自他"消失"后所出版或再版的他的一切文字都是未经许可的，那些文字不得再版，已收录了那些文字的图书馆也

① 格罗滕迪克这一例子，尤其是研究黎曼猜想有可能对其精神异常有过影响这一猜测来自索托伊(Marcus du Sautoy，1965—)的 *The Music of Primes* 一书。索托伊是剑桥大学的数学教授，为撰写该书亲自采访了很多数学家，其中包括本书提到过的蓬皮埃利、欧德里兹科、特里奥、塞尔伯格、查基尔等人，是一位比较可信的作者。不过格罗滕迪克这一例子有些例外，我虽进行了引述，对其可靠性却不无怀疑。首先，格罗滕迪克的精神是否异常，不像纳什的例子那样清楚，因为他自"消失"之后与社会的联系微乎其微，有关他的很多说法都只是传闻。其次，即使他的精神确实异常，那是否是研究黎曼猜想所致，索托伊没有给出证据，我在其他资料中也未看到过对这一说法的支持。从行为上看，格罗滕迪克的异常始于 1970 年离开法国高等科学研究院(Institutdes Hautes Études Scientifiques，IHÉS)一事。但一般认为——索托伊自己也持此说——此事乃是他的极端和平主义思想所致，他是因为发现 IHÉS 的经费有一部分来自军方之后，才愤然离开了这一堪称自己学术黄金之地的研究所。在那之前，格罗滕迪克的研究课题之一是韦伊猜想，他曾试图用一系列所谓的"标准猜想"(standard conjecture)来证明韦伊猜想中的"山寨版"黎曼猜想部分。他在这方面的努力遭到了挫折("标准猜想"直到今天仍未被证明)，但那挫折虽在时间上与他自 1970 年开始的行为变化有些巧合，却未必有因果联系，而且那挫折对他的精神造成过多大影响也并不清楚。

必须将之撤除。他的这一信件被公布后,一些提供那些文字的网站已对有关内容作了撤除。这个要求对数学界是一件不幸的事情,因为他的很多文字,比如著名的《代数几何基础》(*Éléments de Géométrie Algébrique*,EGA)和代数几何讨论班资料(*Séminaire de Géométrie Algébrique du Bois Marie*,SGA),都早已是极重要的资料,如果不能再版或不能被图书馆收录的话,后人将会越来越难看到它们。①

写了这么多有关黎曼猜想的故事,介绍了这么多有关黎曼猜想的进展,有一个问题似乎不能不提一下——而且那想必也是读者们感兴趣的问题,那就是黎曼猜想将会被证明是正确的呢,还是会被证明为错误(即否证)? 可惜的是,这个有关黎曼猜想"前途命运"的问题是一个谁都能提出,却没有人能够回答的问题,数学家们对此也各有各的倾向而毫无共识。

有些数学家坚信黎曼猜想是正确的,比如我们在第 14 章中提到过的那位输掉了葡萄酒的查基尔。查基尔相信黎曼猜想的理由很"纯朴",那就是认为数值证据已经足够强大了——读者们想必还记得,他是因为有人验证了黎曼 ζ 函数前三亿零七百万个零点都在临界线上而输掉葡萄酒的。这个纪录如今早已被打破,我们在附录 B 中介绍过,2004 年 10 月,法国人古尔登(Gourdon)与戴密克尔(Demichel)已经验证了黎曼 ζ 函数前十万亿(10^{13})个零点都在临界

---

① 当然,这种来自作者本人的出版"禁令"并不是永久有效的,不过在许多尊重版权的国家,作者生前的意愿往往要到去世几十年之后才会失去效力。

线上。不仅如此，我们在第 16 章中还介绍过，欧德里兹科曾经验证过第 10^{22} 个和第 10^{23} 个零点附近的几百亿个零点也全都在临界线上。这些证据都远远强于使查基尔满意的证据。可见支持黎曼成立的数值证据很强大。但可惜的是，所有这些证据加在一起，也无法成为让所有人信服黎曼猜想的可靠理由。其原因不仅在于从逻辑上讲再多的数值证据对于一个包含无穷多个例的猜想来说都是微不足道的，而且也因为在数学上我们已经遇到过这样的例子，即一个数学命题的反例出现在比上述所有数值证据都强得多的证据之外。那例子就是我们在第 3 章的注释中提到过的、被利特尔伍德所否证了的关于 $Li(x)-\pi(x)>0$ 的猜测。对于迄今所有被验证过的情形，$Li(x)-\pi(x)>0$ 都成立，但利特尔伍德却运用分析的力量，不仅证明它不成立，而且证明了它会被违反无穷多次！那么所有验证过的情形说明什么呢？说明虽然有无穷多个 x 违反 $Li(x)-\pi(x)>0$，但其中哪怕最小的 x 也大得异乎寻常。[①] 事实上，我们直到今天也不知道这个最小的 x 究竟有多大，目前对它的估计约为 10^{316}。这个数字如果用中文写出来的话，是：一万亿……亿（此处作者略去三十七个字）。与这个数字相比，我们对黎曼 ζ 函数非平凡零点的数值验证简直差得太远了。假如黎曼猜想的反例也出现在那样的地方（即比如出现在第 10^{316} 个零点的附近），那我们再算上几辈子也未必能碰到数值反例。因此，有关黎曼猜想的数值证据虽然不容忽视，说服力却

———————————

[①] 这个最小的 x 被哈代称为斯基外斯数（Skewes' number），因为最早对它进行数值估计的是利特尔伍德的学生、南非数学家斯基外斯（Stanley Skewes，1899—1988）。

是很有限的。

当然,除了数值证据外,我们还有许多有关黎曼猜想的解析证据,比如第 28 章中提到的康瑞所证明的 2/5 的非平凡零点在临界线上。可惜这也远远不够(连一半都不到嘛)。支持黎曼猜想的其他理由还包括了一些在假定黎曼猜想成立的基础上被证明过的数学命题后来被发现不假定黎曼猜想的成立也能被证明,这表明黎曼猜想与那些命题,或者说与数学的其他部分有很好的相容性。此外,我们在第 33 章中介绍过的"山寨版"黎曼猜想的成立也被认为是支持黎曼猜想的一条很强的理由。

不过,相信黎曼猜想的数学家们各有各的理由,不相信黎曼猜想的数学家们则只要一条理由就够了,那就是:所有支持黎曼猜想的理由都不是证明。在数学上,这是一条打不倒的理由。而且,要想证明黎曼猜想成立,必须"一个都不能少"地涵盖所有的非平凡零点;而要想推翻它,却只要找到一个反例就够了,这种繁简程度上的不对称性也是大大有利于不相信黎曼猜想的数学家们的。当然,个别数学家还有自己更独特的理由,比如我们在第 9 章中提到的那位曾在黎曼猜想研究上作出过重大成就,后来却表示"假如我们能够坚定地相信这个猜想是错误的,日子会过得更舒适些"的利特尔伍德不相信黎曼猜想的理由是"一个长期不能解决的分析领域中的猜想通常会被发现是错误的,一个长期不能解决的代数领域中的猜想则通常会被发现是正确的"。由于黎曼猜想是一个"长期不能解决的分析领域中的猜想",因此利特尔伍德认为它很可能是错误的。利特尔伍德没有为自己的理由列举具体的例子（起码我没查到），不过我想他对 $Li(x)-\pi(x)>0$ 这一猜想的否证也许是他心目中的例子之一。但他这个理由其实也没什么说服力，比如我们上面提到过的被德布朗基所证明的比贝尔巴赫猜想就是一个几十年不能解决的分析领域中的猜想，结果却被证明是正确的（当然，那是利特尔伍德去世之后的事情了）。

除了上述这两种非此即彼的态度外，还有少数人由黎曼猜想的长期悬而未决联想到了著名的哥德尔不完全性定理（Gödel's incompleteness theorem），认为黎曼猜想有可能是一个在现有分析体系内不可判定——即既不能证明其成立也不能证明其不成立——的命题。据说哥德尔本人就有过这种看法。不过，对于像黎曼猜想那样如果不成立就可以用明确的算法——按虚部从小到大的顺序对零点进行逐一验证——来予以推翻的命题，如果真有人能证明它是一个不能证明其不成立的命题（有点拗口），实际上等于表明它是成立的——因为否则的话只要用那个算法，原则上总可以验证到使黎曼猜想不成立的第一个反例，从而证明其不成立。因此如果黎曼猜想真的不可判定，那实际上是表明它成立。[①]

----

① 文献中对这种可能性的讨论很少，前面注释中提到的索托伊的 *The Music of Primes* 可算例外。我对"不可判定"（undecidable）一词的使用也是效仿该书。不过对黎曼猜想来说，这种可能性实际是指黎曼猜想成立，但不能在现有的分析体系内得到证明的可能性，因此更恰当的说法也许是"不可证明"（unprovable），而不是"不可判定"（因为如正文所述，"不可判定"本身就能确立其成立，从而起码在真假意义上是可判定的）。

在本书的最后，让我们"饮水思源"，一同去看一眼黎曼的墓碑，这位伟大的数学家只度过了 39 年 10 个月零 3 天的短暂人生，就于 1866 年 7 月 20 日在意大利的一座湖畔小镇去世了。据他生前挚友戴德金的描述，黎曼直到去世前的那一天，仍坐在一棵果树下进行着数学探索，当那最后的时刻到来时：①

他没有一丝的挣扎及临终前的抽搐，仿佛他是在饶有兴致地观看着灵魂与肉体的分离。他妻子为他拿来了面包和葡萄酒，他让她向家里人代为致意，并对她说："亲吻我们的孩子。"她为他念诵祷文，他自己已无法说话。当她念到"赦免我们的罪过"时，他的眼光虔诚地望向天空。她感到他的手在渐渐变冷，在呼吸了几次之后，他那纯洁而高贵的心脏停止了跳动。

黎曼去世后一度被葬在当地一座教堂的墓地里，可惜那墓穴却在后来的一次教堂地产的重组中遭到了损毁，如今保留下来的只有一块墓碑，嵌在离原址不远处的一堵墙上。

好了，亲爱的读者，我们的黎曼猜想漫谈到这里就正式结束了。从 2003 年 11 月写下第一章，到今天完成最后一章，本书的写作前前后后持续了八年多的时间，虽然有关黎曼猜想的探索还远未结束，我却要跟大家说再见了。当然，如果在我有生之年黎曼猜想被数学界

---

① 这段描述因戴德金的黎曼挚友的身份而广为流传，不过，也有人怀疑它并非客观记叙，而是对黎曼去世时刻的美化处理。

黎曼的墓碑

公认得到了解决，我一定会续写本书的，但现在请允许我先说
一声——

再见！

附录 A 欧拉乘积公式

如我们在第 4 章中所述,欧拉乘积公式,即对所有 $\mathrm{Re}(s) > 1$ 的复数 s, $\sum_n n^{-s} = \prod_p (1 - p^{-s})^{-1}$,是黎曼研究素数分布规律的起点(事实上,这一公式乃是他那篇提出了黎曼猜想的著名论文的第一个公式)。这一公式是欧拉在 1737 年发表的一篇题为"对无穷级数的若干观察"的论文中提出并加以证明的,公式中的 n 为自然数,p 为素数。

欧拉乘积公式的证明十分简单,唯一要注意的就是对无穷级数与无穷乘积不能随意套用有限求和与有限乘积的性质。我们在本附录中所要证明的是一个将欧拉乘积公式包含为特例的更普遍的公式。这一公式并无通用名称,我们姑且称之为"广义欧拉乘积公式",它的内容是这样的: 设 $f(n)$ 是一个满足 $f(n_1)f(n_2) = f(n_1 n_2)$ 的函数(n_1、n_2 均为自然数),且 $\sum_n |f(n)| < \infty$,则

$$\sum_n f(n) = \prod_p [1 + f(p) + f(p^2) + f(p^3) + \cdots]。 \quad \text{(A-1)}$$

证明 由于 $\sum_n |f(n)| < \infty$,因此 $1 + f(p) + f(p^2) + f(p^3) + \cdots$ 绝对收敛。考虑连乘积中 $p < N$ 的部分(有限乘积),由于级数绝对收敛,乘积又只有有限项,因此可以使用与普通有限求和及乘积一样的结合律及分配律。利用 $f(n)$ 的乘积性质可得

$$\prod_{p<N}[1+f(p)+f(p^2)+f(p^3)+\cdots]=\sum{}'f(n), \quad \text{(A-2)}$$

其中右端求和 $\sum{}'$ 对所有只含 N 以下素数因子的自然数进行(每个这样的自然数只在求和中出现一次,因为自然数的素数分解是唯一的)。由于所有本身在 N 以下的自然数显然都只含 N 以下的素数因子,因此 $\sum{}'f(n)=\sum_{n<N}f(n)+R(N)$,其中 $R(N)$ 为对所有大于等于 N 但只含 N 以下素数因子的自然数求和的结果。由此我们得到

$$\prod_{p<N}[1+f(p)+f(p^2)+f(p^3)+\cdots]=\sum_{n<N}f(n)+R(N)。$$

要使广义欧拉乘积公式成立,只需证明 $\lim\limits_{N\to\infty}R(N)=0$ 即可。而这是显然的,因为 $|R(N)|\leqslant\sum\limits_{n\geqslant N}|f(n)|$,而 $\sum\limits_{n}|f(n)|<\infty$ 表明 $\lim\limits_{N\to\infty}\sum\limits_{n\geqslant N}|f(n)|=0$,从而 $\lim\limits_{N\to\infty}|R(N)|=0$。证明完毕。

由于

$$1+f(p)+f(p^2)+f(p^3)+\cdots$$
$$=1+f(p)+f(p)^2+f(p)^3+\cdots$$
$$=[1-f(p)]^{-1},$$

因此广义欧拉乘积公式也可以写成

$$\sum_{n}f(n)=\prod_{p}[1-f(p)]^{-1}。 \quad \text{(A-3)}$$

在广义欧拉乘积公式中取 $f(n)=n^{-s}$,则显然对所有 $\mathrm{Re}(s)>1$ 的复数 s,$\sum\limits_{n}|f(n)|<\infty$ 这一条件成立,从而广义欧拉乘积公式成立,并退化为欧拉乘积公式。

从上述证明中我们可以看到,欧拉乘积公式成立的关键在于每一个自然数都具有唯一的素数分解,即所谓的算术基本定理 (fundamental theorem of arithmetic)。

除上述证明外,欧拉原始论文中的证明方法也相当简洁(并且也适用于广义欧拉乘积公式),值得介绍一下。为此我们注意到——利用 $f(n)$ 的性质:

$$f(2)\sum_n f(n) = f(2) + f(4) + f(6) + \cdots,$$

因此

$$[1 - f(2)]\sum_n f(n) = f(1) + f(3) + f(5) + \cdots。 \quad \text{(A-4)}$$

上式右端的一个显著特点,是所有含有因子 2 的 $f(n)$ 项都消去了(这种逐项对消有赖于 $\sum_n |f(n)| < \infty$,即 $\sum_n |f(n)|$ 绝对收敛这一条件)。类似地,以 $[1 - f(3)]$ 乘以上式,则右端所有含有因子 3 的 $f(n)$ 项也将被消去。以此类推,以所有 $[1 - f(p)]$(p 为素数)乘以式 (A-4),右端便只剩下了 $f(1)$,即

$$\prod_p [1 - f(p)]\sum_n f(n) = f(1) = 1, \quad \text{(A-5)}$$

其中最后一步所用到的 $f(1) = 1$ 请读者自行证明。将式 (A-5) 中的无穷乘积移到等式右边,显然就得到了广义欧拉乘积公式(有兴趣的读者不妨试着将上述最后几步用极限的语言严格表述一下)。

由欧拉乘积公式可以得到第 5 章中提到过的一个很重要的结果,即:黎曼 ζ 函数在 $\text{Re}(s) > 1$ 的区域内没有零点。

证明 设 $\mathrm{Re}(s)=a$，则欧拉乘积公式给出：

$$|\zeta(s)| = \prod_p |1-p^{-s}|^{-1} \geqslant \prod_p (1+p^{-a})^{-1}$$

$$= \exp\left[-\sum_p \ln(1+p^{-a})\right], \qquad (\text{A-6})$$

注意到对于任何 $x>0$，$\ln(1+x)<x$，因此由式(A-6)可进一步推得

$$|\zeta(s)| \geqslant \exp\left[-\sum_p p^{-a}\right] > 0,$$

其中最后一步是因为对于 $a\equiv\mathrm{Re}(s)>1$，$\sum_p p^{-a}$ 收敛。证明完毕。

附录 B　超越 ZetaGrid

我们在第 15 章中曾经提到由德国伯布林根 IBM 实验室的魏德涅夫斯基启动的 ZetaGrid 系统。这是一个由世界各地的数学和计算机爱好者参与,互联网上数以万计的计算机组成的分布式计算系统,在 2004 年以前,它是黎曼 ζ 函数非平凡零点数值计算的绝对主力及遥遥领先者。随着计算的推进,到了 2004 年末的时候,ZetaGrid 的计算渐渐逼近了一个激动人心的里程碑:一万亿(10^{12})个零点。

但常言道"天有不测风云",就在这一目标唾手可得,三年多的漫长计算即将迎来一个辉煌庆典的时候,却传来了一个令人吃惊的消息:法国人古尔登(Xavier Gourdon)与戴密克尔(Patrick Demichel)验证了黎曼 ζ 函数前十万亿(10^{13})个零点位于临界线上的消息。[1] 那是在 2004 年 10 月 12 日。那时候 ZetaGrid 已经把计算推进到了超过九千亿个零点,距离一万亿只有咫尺之遥。古尔登与戴密克尔的结果在这个时候公布,显然让 ZetaGrid 感到了苦涩。此情此景,犹如九十多年前英国探险家斯科特(Robert Falcon Scott,1868—1912)率领同伴历尽千辛万苦挺进南极,却发现挪威探险家阿蒙森(Roald Amundsen,1872—1928)已经捷足先登(斯科特及同伴后来在返回的途中因食物与燃料耗尽而全部遇难)。

---

[1]　在古尔登与戴密克尔的工作中,古尔登是主导者,戴密克尔主要是提供硬件方面的辅助。

ZetaGrid 在多少有些黯然的气氛中静静跨越了一万亿个零点。2005 年 1 月 12 日,魏德涅夫斯基给所有 ZetaGrid 的成员发了一封电子邮件,感谢他们对 ZetaGrid 的贡献,他在信中提到了古尔登与戴密克尔的结果,他这样写道:

去年底,许多人看到了古尔登与戴密克尔有关完成了比我们多十倍的验证(十万亿个零点)的声明。但是世界纪录永远只是留给历史的。我的这一研究计划主要目的是汇集有关零点分布的精确数据。现在我已经汇集了 20 TB 的数据以及有关黎曼猜想的大量启示,这些将很快被发表并且希望会很快被证明。

到现在为止,许多人问及我对我们这一群体的下一步打算。我很高兴看到我们这一强大的群体对复杂并且基础的数学研究所具有的巨大兴趣!这一工作无疑已经完成了(但仍将运行一段时间),我也花了一些努力来理解古尔登与戴密克尔的更快速的算法。但对于我的研究兴趣来说,这一算法的实现形式还不够精确。

十天后,魏德涅夫斯基又发了另一封电子邮件(也是他给 ZetaGrid 成员们的最后一封公开邮件)。但这第二封邮件的措辞十分含糊,逻辑也比较混乱,甚至把 ZetaGrid 的工作与一些用数值方法无法实现的纯理论进展混为一谈,颇有些出人意料。而邮件的目的则似乎是想说明古尔登与戴密克尔的结果并未使 ZetaGrid 失去意义,又似乎是在叙述 ZetaGrid 的未来目标,结果却是看得人一团雾水,给人一个乱了方寸的感觉,就不在这里复述了。自那以后,ZetaGrid 又运行了一段时间,但昔日的激情已不复存在。2005 年

12月1日,魏德涅夫斯基在 ZetaGrid 上发布了一份最后公告:

> 这将是我给这一群体的最后一份消息。请接受我对大家为这一群体所做贡献的诚挚谢意。在过去四年里,我收到了大量重要的支持,我们作为一个前沿研究群体在计算数论及黎曼猜想上达到了一个重要的里程碑。所有细节都将很快发表在 *Mathematics of Computation* 杂志上。现在我将关闭这一有着 6617 位成员的群体,关闭服务器及 zetagrid. net 这一域名。这对我来说是一个很困难的决定,因为我原先还打算发布包含很多改进,并且可以计算"扩展黎曼猜想"的新 2.0 版本。但这一年 ZetaGrid 服务的可用性显得特别差。这真是非常令人头疼,因为很多贡献者及我收到了很多投诉。但几乎在所有情形下,我都无能为力,因为可用性取决于 zetagrid. net 的服务商。他们在很多基础系统变更中犯了太多的错误。我和他们进行了很多磋商,但无济于事。请接受我的决定,我将尽可能回复,但我无法回复所有的问题及来信。

这份公告宣告了 ZetaGrid 的终结,它把关闭 ZetaGrid 的原因归咎于服务商,当然,谁都知道这并非真正原因。ZetaGrid 虽然终结了,但它作为黎曼 ζ 函数非平凡零点计算的一项重要努力,以及大型分布式计算的一个重要范例,无疑都将被载入史册。

读者也许会问:由一万多台计算机组成的强大的分布式运算系统 ZetaGrid 为什么会如此"轻易"地被超越,并且被超越得如此悬殊呢? 是古尔登与戴密克尔调动了更强大的计算资源吗? 不是。超越的关键不在于硬件而在于算法。古尔登与戴密克尔所使用的是一种崭新的算法,是由欧德里兹科与计算机科学家肖恩哈格(Arnold

Schönhage)于 1988 年所提出的,被称为欧德里兹科-肖恩哈格算法(Odlyzko-Schönhage algorithm)。我们在第 16 章介绍过的欧德里兹科对序号在 10^{20}、10^{22},以及 10^{23} 附近数以百亿计的零点的计算所采用的就是这个算法。用欧德里兹科-肖恩哈格算法对前 N 个零点进行验证所需的计算量为 $O(N^{1+\varepsilon})$,远少于传统的欧拉-麦克劳林公式所需的 $O(N^{2+\varepsilon})$,以及黎曼-西格尔公式所需的 $O(N^{3/2+\varepsilon})$。[①] 这是古尔登与戴密克尔能够在短时间内大幅超越硬件资源远胜于自己的ZetaGrid 的根本原因。

那么,古尔登与戴密克尔所用的计算资源是什么呢? 只是几台普通计算机。他们自 2003 年 4 月开始,在若干台计算机上运行古尔登依据欧德里兹科-肖恩哈格算法编写的零点验证程序。他们的计算只耗用了相当于一个 Pentium Ⅳ 2.4 GHz 处理器一年半的运算时间,[②]同样的计算如果使用 ZetaGrid 的算法,将需要七百年的时间!

除了对前十万亿个零点进行了验证外,古尔登与戴密克尔还完成了对序号在 10^{24} 附近的二十亿个零点的数值计算,并公布了对那些数值的统计检验,其结果非常漂亮地与蒙哥马利-欧德里兹科定律(参阅第 19 章)相吻合。与这一计算相呼应的,是欧德里兹科的新近计算,在那些计算中,他对序号在 10^{23} 附近的五百亿个零点进行了计算。这些都是在 ZetaGrid 之外取得的黎曼 ζ 函数非平凡零点计算中的重要进展。

---

① 其中 N^{ε} 代表对数函数的组合。
② 对数值计算领域的研究来说,这无疑是相当微不足道的资源。用如此微不足道的资源就可以缔造一个新的纪录,也从一个侧面反映出目前人们对零点的数值计算已不再有很大兴趣这一事实。若非如此,这样的纪录早该被刷新无数次了。

附录 C 黎曼猜想大事记①

1859 年

- 黎曼提出了黎曼猜想。

1885 年

- 斯蒂尔切斯宣称证明了比黎曼猜想更强的命题(但从未发布证明,也未得到数学界的承认)。

1893 年

- 阿达马证明了黎曼辅助函数 $\xi(s)$ 的连乘积表达式(参阅第 5 章)。

1895 年

- 曼戈尔特证明了对级数 $\sum_{\rho} \ln(1 - s/\rho)$ 的积分结果(参阅第 5 章)。

1896 年

- 阿达马和普森(彼此独立地)证明了黎曼 ζ 函数的非平凡零点全都分布在复平面上 $0 < \mathrm{Re}(s) < 1$ 的区域内,并由此证明了素数定理。

1900 年

- 希尔伯特作了题为"数学问题"的著名演讲,黎曼猜想被列为第八问题的一部分。

---

① 本大事记收录的只是本书提及过的主要事件。

1903 年

- 格拉姆计算出了黎曼 ζ 函数前 15 个非平凡零点。

1905 年

- 曼戈尔特证明了黎曼-曼戈尔特公式,即黎曼的论文所提出的三个重要命题中的第一个(参阅第 5 章)。

1914 年

- 玻尔和兰道证明了玻尔-兰道定理。
- 哈代证明了哈代定理。

1921 年

- 哈代和利特尔伍德证明了哈代-利特尔伍德定理(参阅第 24 章)。

1932 年

- 西格尔从黎曼手稿中整理发现了黎曼-西格尔公式。

1936 年

- 蒂奇马什计算出了黎曼 ζ 函数前 1041 个非平凡零点。

1942 年

- 塞尔伯格证明了塞尔伯格临界线定理(参阅第 26 章)。

1948 年

- 韦伊证明了有限域上代数曲线的"山寨版"黎曼猜想(参阅第 33 章)。

1949 年

- 韦伊提出了韦伊猜想,其中包含了有限域上代数簇的"山寨版"黎曼猜想(参阅第 33 章)。

1953 年

- 图灵计算出了黎曼 ζ 函数前 1104 个非平凡零点。

1972 年

- 蒙哥马利提出了蒙哥马利对关联假设。

- 戴森发现了蒙哥马利对关联假设与随机矩阵理论之间的相似性。

1974 年

- 莱文森证明了莱文森临界线定理(参阅第 27 章)。

- 德利涅证明了有限域上代数簇的"山寨版"黎曼猜想(参阅第 33 章)。

1982 年

- 特里奥计算出了黎曼 ζ 函数前 307 000 000 个非平凡零点。

1983 年

- 博希格斯等人提出了博希格斯-吉安诺尼-斯密特猜想(参阅第 21 章)。

1985 年

- 贝里计算出了黎曼 ζ 函数非平凡零点的密度函数(参阅第 21 章)。

1989 年

- 康瑞证明了康瑞临界线定理(参阅第 28 章)。

1999 年

- 孔涅发表了从非对易几何等角度研究黎曼猜想的论文。

2000 年

- 美国克雷数学研究所为包括黎曼猜想在内的七个"千禧年问题"设立了每个一百万美元的巨奖。

2001 年

- 魏德涅夫斯基启动了计算黎曼 ζ 函数非平凡零点的分布式系统——ZetaGrid。

2004 年

- 德布朗基宣称证明了黎曼猜想(但未得到数学界的承认)。
- 古尔登与戴密克尔验证了黎曼 ζ 函数前十万亿(10^{13})个零点位于临界线上。

人 名 索 引

术 语 索 引

参 考 文 献

[1] Arias-de-Reyna J. X-Ray of Riemann's Zeta-Function[J]. Math. NT, 2003,26.

[2] Ash A, Gross R. Fearless Symmetry [M]. New York: Princeton University Press, 2006.

[3] Baas N, Skau C F. The lord of the numbers, Atle Selberg: On his life and mathematics[J]. Bull. Amer. Math. Soc. , 2008, 45, 617-649.

[4] Bell E T. The Development of Mathematics[M]. Dover Publications Inc. , 1992.

[5] Berry M V, Keating J P. H = xp and the Riemann Zeros, in Supersymmetry and Trace Formulae: Chaos and Disorder[M]. Plenum Publishing Corporation, 1999.

[6] Berry M V, Keating J P. The Riemann zeros and eigenvalue asymptotics [J]. SIAM Review, 1999,41, (2), 236-266.

[7] Bombieri E. Problems of the Millennium: The Riemann Hypothesis[R]. Princeton University, 2004.

[8] Borwein P, Choi S, Rooney B, Weirathmueller A. The Riemann Hypothesis: A Resource for the Affcionado and Virtuoso Alike[M]. Berlin: Springer, 2007.

[9] Bump D. Zeros of the Zeta Function.

[10] Connes A. Noncommutative geometry and the Riemann zeta function: Mathematics: frontiers and perspectives, American Mathematical Society

[C]. 2000, 35-54.

[11] Derbyshire J. Prime Obsession[M]. Joseph Henry Press, 2003.

[12] Sautoy M. The Music of the Primes [M]. Harper Collins Publishers, 2003.

[13] Edwards H M. Riemann's Zeta Function[M]. Dover Publications, Inc. , 2001.

[14] Gonek S M. Three Lectures on the Riemann Zeta-Function: Proceedings of the 2002 International Conference on Subjects Related to the Clay Problems[C]. Inst. of Pure and Applied Math. , Chonbuk National University, Jeonju, Korea: 2002, Vol. 1.

[15] Gourdon X. The 10^{13} first zeros of the Riemann Zeta function, and zeros computation at very large height . 2004.

[16] Guhr T, Mueller-Groeling A, Weidenmueller H A. Random Matrix Theories in Quantum Physics: Common Concepts[J]. Phys. Rept. , 1998, 299, 189-425.

[17] Cohen H. Number Theory Ⅱ : Analytic and Modern Tools[M]. Berlin: Springer, 2007.

[18] Ile R. Introduction to the Weil Conjectures[M]. 2004.

[19] Ivic A. The Riemann Zeta-Function: Theory and Applications [M]. Dover Publications, Inc. , 2003.

[20] Karatsuba A A, Voronin S M. The Riemann Zeta-Function[M]. Walter De Gruyter Inc. , 1992.

[21] Katz N M, Sarnak P. Zeroes of zeta functions and symmetry[J]. AMS, 1999, 36(1), 1-26.

[22] Kline M. Mathematical Thought from Ancient to Modern Times[M]. London, UK: Oxford University Press, 1972.

[23] Kneebone G T. Mathematical Logic and the Foundations of Mathematics [M]. Dover Publications, Inc. , 2001.

[24] Laugwitz D. Bernhard Riemann 1826-1866: Turning Points in the Conception of Mathematics[M]. Berlin: Birkhäuser, 2008.

[25] Narkiewicz W. The Development of Prime Number Theory[M]. Berlin: Springer-Verlag, 2000.

[26] Odlyzko A M. Primes, quantum chaos, and computers: Number Theory, National Research Council[C]. 1990.

[27] Odlyzko A M. On the distribution of spacings between zeros of the zeta function[J]. Math. Comp. ,1987, 48: 273-308.

[28] Osserman B. The Weil Conjecture [EB/OL]. http://www. math. ucdavis. edu/~osserman/classes/256B/notes/sem-weil. ps.

[29] Rockmore D. Chance in the primes (Part Ⅲ): Mathematics and the Media[C]. Berkeley, California,1998.

[30] Rockmore D. Stalking the Riemann Hypothesis [M]. Pantheon Books, 2005.

[31] Sabbagh K. The Riemann Hypothesis [M]. Farrar, Straus and Giroux, 2002.

[32] Snaith N C. Random Matrix Theory and Zeta Functions[D]. Bristol, UK: University of Bristol, 2000.

[33] Snaith N C, Forrester P J, Verbaarschot J J M. Developments in random matrix theory[J]. J. Phys. A36, 2003,R1.

[34] Stopple J. A Primer of Analytic Number Theory [M]. Cambridge: Cambridge University Press, 2003.

[35] Titchmarsh E C. The Theory of the Riemann Zeta-Function [M]. London: Oxford University Press, 1987.

[36] Tracy C A, Widom H. Universality of the distribution functions of random matrix theory: Statistical Physics on the Eve of the 21st Century [C]. World Scientific Pub, 1999.

[37] Tracy C A, Widom H. Distribution functions for largest eigenvalues and their applications: Proceedings of the International Congress of Mathematicians, Vol Ⅰ [C]. Beijing: Higher Education Press, 2002.

[38] Voloch F. Equations over Finite Fields[M]. 2001.

[39] Weil A. The Apprenticeship of a Mathematician [M]. Birkhäuser Basel, 2002.

[40] Weil A. A 1940 letter of André Weil on analogy in mathematics [J]. Notices of the AMS, 2005, 52(3).

[41] Yandell B. H. The Honors Class[M]. A K Peters, Ltd. , 2002.

[42] Zirnbauer M R. Symmetry Classes in Random Matrix Theory, to appear in Encylopedia of Mathematical Physics[M]. Atlanta: Elsevier, 2005.

初版后记

《黎曼猜想漫谈》是我的第三本书。前两本书——《寻找太阳系的疆界》与《太阳的故事》——出版后,曾有读者在我网站留言,说他买书时习惯于先看前言或后记,而我那两本书上却两者皆无。[①]

其实,在先看前言或后记这点上,我跟那位读者有着相同的习惯。一本书只要有前言或后记,买书前我也是总要先看一看的。那两本我自己的书之所以两者皆无,并不是不想写,而是因为那两本书的写作及出版过程都很平淡(或曰顺利),没什么值得叙述的。若生添一篇前言或后记,不免有灌水之嫌。

不过,这第三本书的情况有些不同,它的写作过程长达八年多,发表和出版也不无波折,倒是可以写一篇后记,以飨与那位读者及与我自己有相同习惯的读者。

《黎曼猜想漫谈》的写作缘起是在书店里。2003 年的某一天,我在纽约逛书店时忽然发现三本有关黎曼猜想的科普书同时出现在书架上:

- 德比希尔(John Derbyshire)的 *Prime Obsession*:*Bernhard Riemann and the Greatest Unsolved Problem in Mathematics* (Joseph Henry Press,2003)

---

① 《寻找太阳系的疆界》与《太阳的故事》分别于 2013 年及 2015 年出了修订版,书名变更为《那颗星星不在星图上:寻找太阳系的疆界》及《上下百亿年:太阳的故事》,并且都添加了前言。《黎曼猜想漫谈》本身则于 2016 年改版时增添了副标题——一场攀登数学高峰的天才盛宴。(2016 年 7 月注)

- 索托伊(Marcus du Sautoy)的 *The Music of the Primes*：*Searching to Solve the Greatest Mystery in Mathematics*（Harper，2003）

- 萨巴(Karl Sabbag)的 *The Riemann Hypothesis*：*The Greatest Unsolved Problem in Mathematics*（Farrar，Straus and Giroux，2003）

如今回顾起来，那三本书的几乎同时出现，应该是 2000 年 5 月美国克雷数学研究所对"千禧年问题"进行巨额悬赏所引发的。不过当时我对黎曼猜想和"千禧年问题"的了解都还很少，且后者发布之时，正值我忙于毕业、找工作、谈女朋友之类的"琐事"，心有旁骛，就算有过印象，在时隔三年后的 2003 年也早就淡忘了。因此见到在黎曼猜想这样一个并不热门的话题上忽然出现三本科普书，不禁感到很诧异。

好奇之下，我翻看了德比希尔和索托伊的那两本书。书中的不少内容，尤其是对零点分布与物理之间关联的介绍给我留下了深刻印象。但看过之后，却觉得不太过瘾，主要是觉得对黎曼猜想本身没能获得一个透彻理解，对包括零点分布与物理之间的关联在内的若干其他感兴趣的内容也有同样的遗憾。当然，这并非是那两位作者的写作功力不够。对于像黎曼猜想这样技术性很强且又不太容易找到通俗类比的题材来说，对数学内容进行透彻介绍原本就不属于普通科普的范畴，而应该由一类不同的科普——专业科普——来承担。

不无巧合的是，在看到那几本有关黎曼猜想的科普书之前不久，2003 年 7 月，我恰好写过一篇题为《从民间"科学家"看科普的局限性》的文章，对科普——主要是普通科普——的局限性作过一些思考。那些思考曾使我萌生过写作专业科普的念头，因为专业科普似乎能对普通科普的局限性起到一定的弥补作用。而且即便在作者及作品数量都急剧膨胀的今天，在很多题材上专业科普依然很稀缺，甚至近于空白。这种空白对于写作者来说无疑是一种召唤。不过当时虽萌生过念头，却并未想好具体题材，因而不曾动笔。那三本几乎同时出现的黎曼猜想科普，在吸引我眼球的同时，正好替我解决了选题问题。因此，黎曼猜想就成了我的第一个专业科普题材，并于 2003 年 11 月初开始撰写。

刚开始撰写这一题材时，我只作了逻辑结构上的规划，对篇幅却没什么概念，初步的预计是写六到七篇（当然，也绝没想到要集结成书）。写了四篇之后，却发现预计严重失准，篇幅将远不止六到七篇。不过，这一题材并非约稿，虽然预计失准，却并无篇幅失控之虞（无"控"则无所谓"失控"），因此也就随心所欲地写了下去，充分享受了非约稿特有的自由度。那样彻底自由的写作，在我迄今写过的所有篇幅较长的作品中，几乎是绝无仅有的。

但非约稿自由也有一个代价，那就是想写的时候固然能随心所欲地写，不想写的时候，却也能随心所欲地停，从而特别容易变成"烂尾楼"。2005 年 3 月，在写了十四篇之后，我开始分心撰写其他题材，从而使本书的写作大为减慢。自那以后，由于约稿逐渐增多，我终于在写完第十六篇后停止了本书的写作。此后，虽不时有读者在我网站留言希望看到它的继续，这"烂尾楼"仍矗立了差不多六年之久。

不过,在"烂尾"之前的 2004 年 10 月,我收到了上海某杂志一位数学编辑的来信,希望将本书的内容推荐给一位研究数学史的朋友,并发表在那位朋友正在筹划的一份《数学文化》杂志上。一年之后,2005 年 10 月,浙江大学《数学与数学人》丛书的一位编辑给我发来邮件,也对本书的内容表示了兴趣,希望能在《数学与数学人》丛书上发表。可惜这些合作都未能成功:前一合作中的《数学文化》杂志未能申请到刊号;后一合作中的《数学与数学人》丛书则在不久之后就曲终人散了。

上述合作"搁浅"后,除约稿外,我把注意力放在了一些其他科普题材上,并因这些题材而与清华大学出版社建立了合作关系,先后出版了《寻找太阳系的疆界》与《太阳的故事》两本科普。在合作中,令我特别满意的是清华大学出版社几乎百分之百地保持了我的写作风格。在这个写作者多如牛毛的时代里,除硬水准外,保障每位作者有独立存在价值的根本因素往往就是独立的写作风格,而保持作者的写作风格,可以说是一家出版社能给予作者的最大信任。这一点使我对清华大学出版社怀有极大的好感,也为在该出版社出版《黎曼猜想漫谈》创造了间接条件。

出版《黎曼猜想漫谈》的直接条件,则有赖于它的完成,这方面的转机来自山东大学与香港浸会大学合办的一份名叫《数学文化》的杂志(季刊)。2010 年 8 月,我收到了该杂志主编汤涛先生发来的邮件,邀我担任特约撰稿人,并商定在该杂志上连载《黎曼猜想漫谈》。这次合作很幸运地没有步前几次合作的后尘。2011 年 9 月,当连载的

进度逼近"烂尾"之处时，我终于开始续写这个久违的题材，并于
2012 年 1 月完成了全书。

　　也许是存在于网上的时间最久之故，《黎曼猜想漫谈》在我所有
文章中算得上是知名度最高、读者最多的，先后被许多知名网站链接
或转载。不少读者长期追随，并因而成为我网站的忠实网友。这一
切令我深感欣慰，但颇出乎我早年的估计（我曾以为像本书这样的专
业科普会有曲高和寡的下场）。此外，从杂志编辑的来信及读者的留
言中，我还得知本书的内容受到过一些很知名的海内外数学家的赞
许，其中王元先生在百忙中撰写了一篇读后感（即本书的"代序"）。
在此，我要对王元先生，对八年多来关注过本书的所有读者，以及为
本书的发表与出版——无论成功与否——付出过心力的所有编辑表
示最由衷的感谢。

　　以上就是与本书有关的一些琐忆，权作后记——也许是史上最
流水账式的后记吧。

2012 年 5 月 2 日写于纽约